I0068537

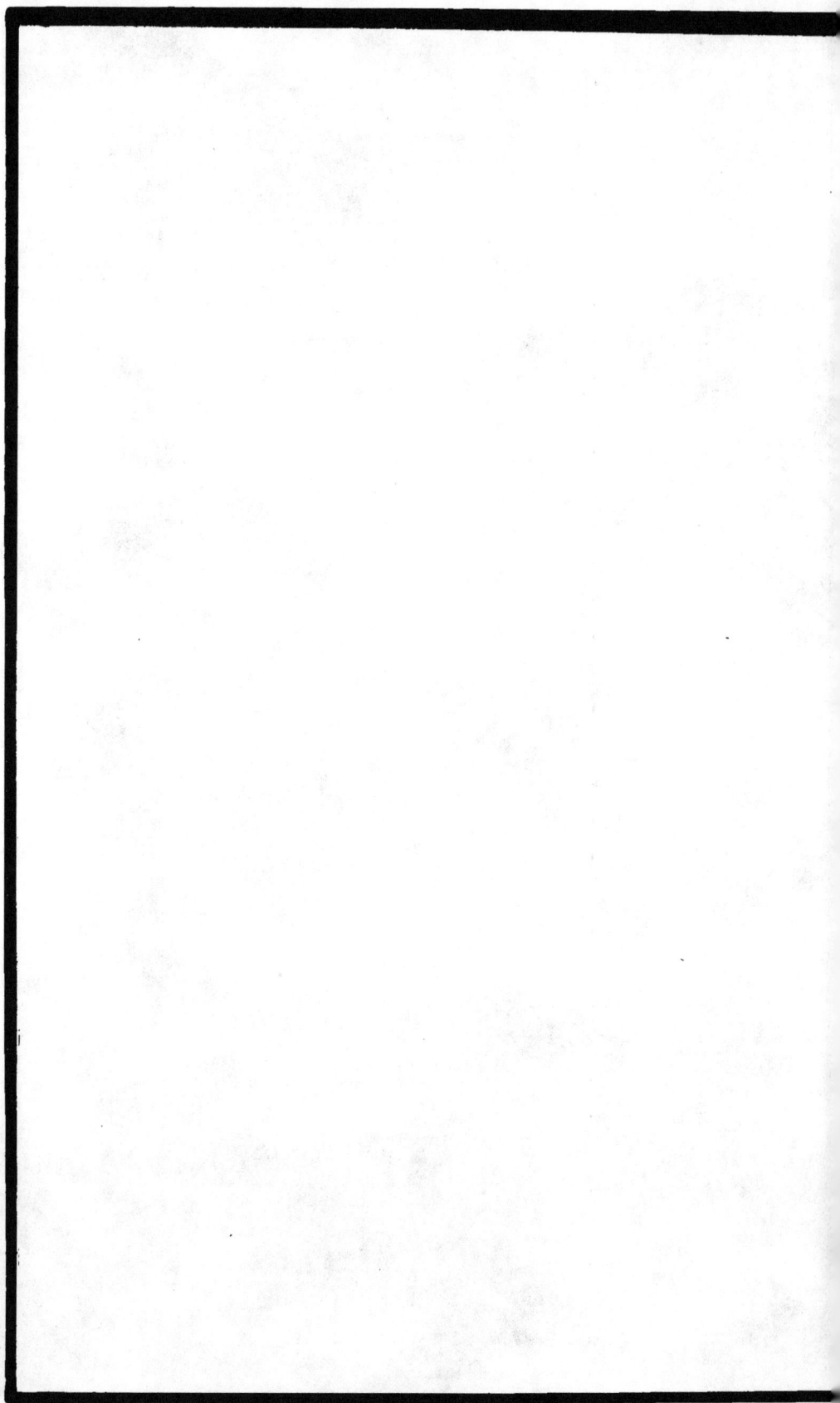

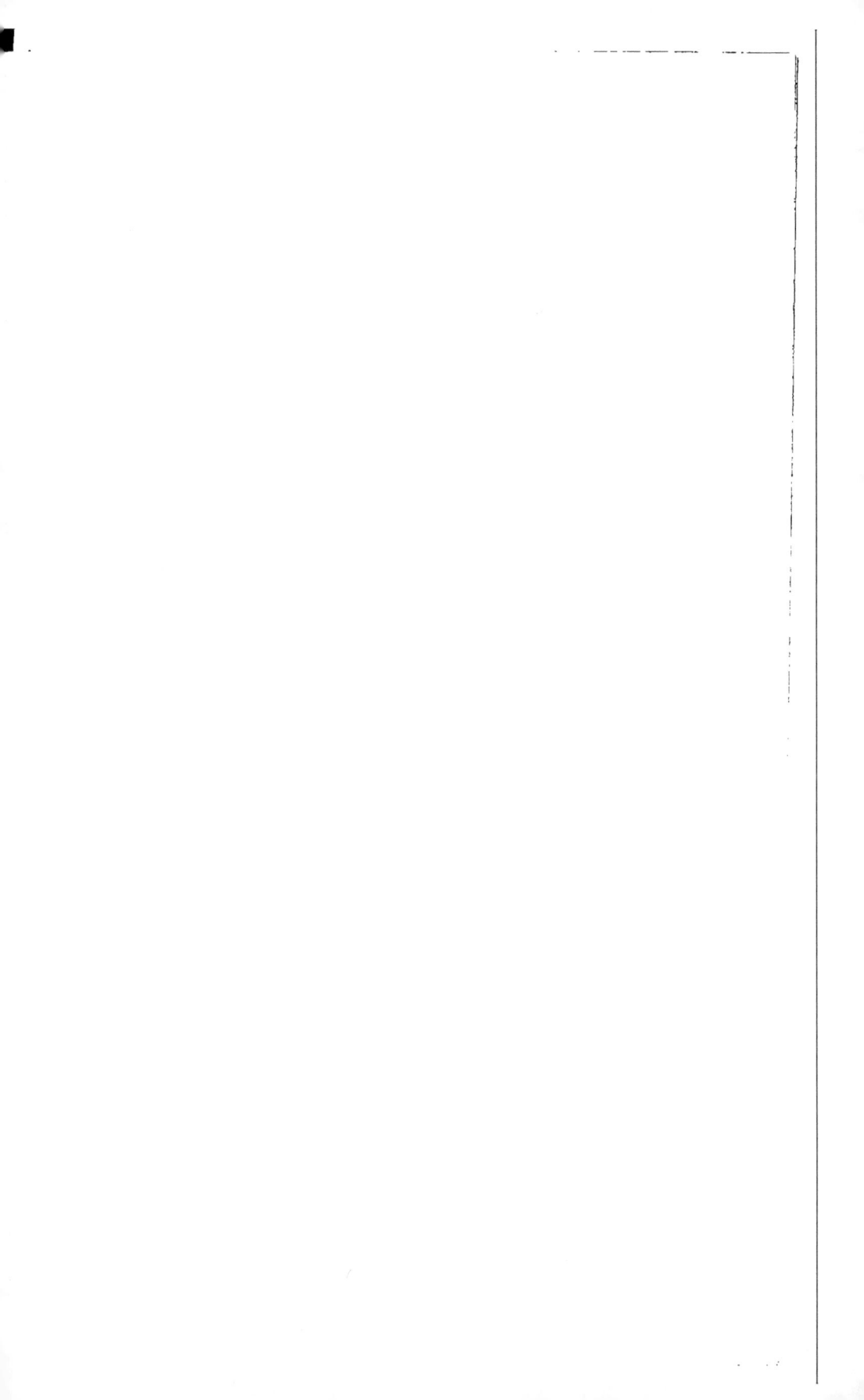

MÉMOIRE

SUR

L'ÆGILOPS TRITICOIDES

ET SUR LES

QUESTIONS D'HYBRIDITÉ, DE VARIABILITÉ SPÉCIFIQUE,

QUI SE RATTACHENT A L'HISTOIRE DE CETTE PLANTE,

(Publié dans les Annales des sciences naturelles , année 1856.)

PAR

ALEXIS JORDAN,

Membre de l'Académie des Sciences , Belles-Lettres et Arts de Lyon.

PARIS.

VICTOR MASSON , PLACE DE L'ECOLE-DE-MÉDECINE , 17.

1856.

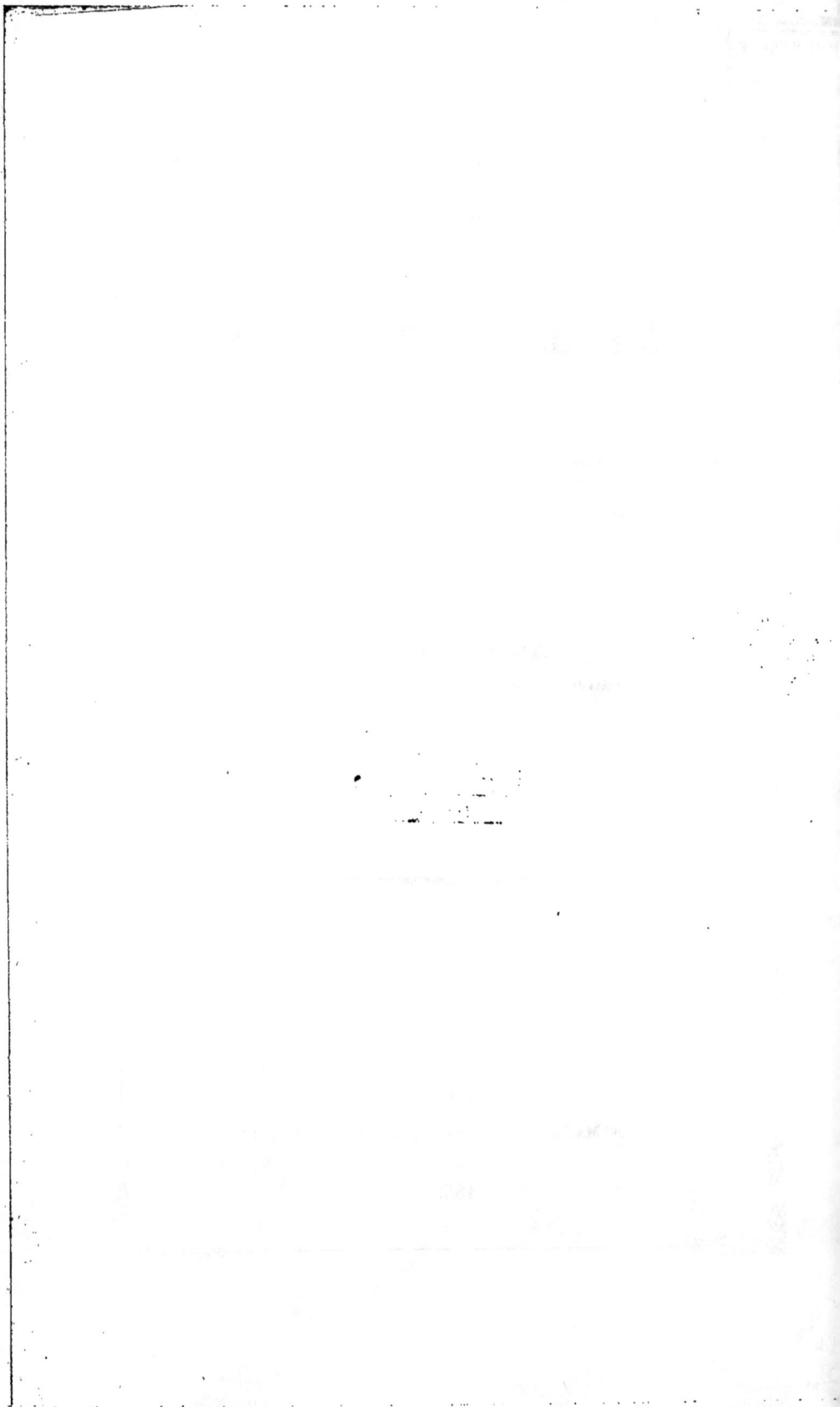

MÉMOIRE

SUR

L'ÆGILOPS TRITICOIDES

ET SUR LES

QUESTIONS D'HYBRIDITÉ, DE VARIABILITÉ SPÉCIFIQUE,

QUI SE RATTACHENT A L'HISTOIRE DE CETTE PLANTE,

PAR

M. ALEXIS JORDAN,

Membre de l'Académie des Sciences, Belles-Lettres et Arts de Lyon.

PARIS.

VICTOR MASSON, PLACE DE L'ECOLE-DE-MÉDECINE, 17.

—

1856.

MÉMOIRE

L'ÆGILOPS TRITICOIDES

ET SUR LES

QUESTIONS D'HYBRIDITÉ, DE VARIABILITÉ SPÉCIFIQUE,

QUI SE RATTACHENT A L'HISTOIRE DE CETTE PLANTE,

Membre de l'Académie des Sciences, Belles-Lettres et Arts de Lyon.

I.

Lorsque, il y a trois ans, un botaniste connu dans la science par d'estimables travaux, M. le professeur Dunal, vint appeler l'attention du monde savant sur l'expérience de M. Esprit Fabre, d'Agde, de laquelle il paraissait résulter, selon lui, que le Froment ordinaire (*Triticum vulgare*), ne serait autre chose que le produit d'une herbe sauvage, de l'*Ægilops ovata*, une certaine émotion s'empara des esprits; voyant du trouble même chez plusieurs, à l'annonce d'un pareil fait, il nous parut utile d'essayer la réfutation d'une expérience qui par ses résultats indiqués impliquait, à nos yeux, la négation de la loi de l'espèce, c'est-à-dire quelque chose de très-choquant pour le sens commun de l'humanité, et en même temps de très-funeste pour la science.

Dans notre appréciation des faits cités, en cherchant à expliquer de quelle manière l'erreur avait pu être commise, nous disions que notre opinion était d'abord qu'il y avait eu à la fois, dans cette expérience, confusion d'espèces et erreur matérielle; que, sans doute, M. Fabre, ayant rencontré, près d'Agde, une modification ou déformation de l'*Ægilops ovata*, en même temps qu'une autre plante d'espèce particulière, mais très-semblable

1

d'aspect à cette déformation, les avait confondues identiquement l'une avec l'autre; qu'ayant ensuite semé les graines de
l'espèce méconnue et prise à tort par lui pour la déformation de
l'*Ægilops ovata*, il avait pu se persuader aisément que la plante
obtenue de ce semis dans ses cultures, et qui ressemblait exté-
rieurement à un Froment ordinaire, devait effectivement son
origine à l'*Ægilops ovata*, et qu'ainsi le Froment cultivé
pouvait être également considéré comme issu lui-même de cette
espèce d'*Ægilops*.

Telle était, disions-nous, l'opinion à laquelle nous nous étions
arrêté en premier lieu, et qui nous paraissait le mieux rendre
compte d'une expérience nécessairement fausse, dont tout le
crédit, chez quelques personnes, n'était dû qu'à l'irréflexion, qu'à
l'oubli le plus complet des princîpes qui servent de fondement
aux sciences naturelles ; lorsque, plus tard, l'examen d'échantillons secs envoyés par M. Fabre, et de ceux que nous avions
reçus de M. le docteur Godron, joint à l'avis de plusieurs personnes qui avaient fait cet examen comme nous, nous conduisit
à adopter une autre explication de l'expérience de M. Fabre :
nous crûmes qu'il y avait eu simplement erreur matérielle de
sa part, sans confusion d'espèces dans la récolte des graines à
l'état sauvage, et que la plante rare et peu connue, nommée
Ægilops triticoides par Requien, n'était pas une déformation
de l'*Ægilops ovata*, mais une espèce particulière, l'espèce même
dont M. Fabre avait récolté la graine, et qu'il avait ensuite
reproduite dans ses cultures : de telle sorte que son erreur aurait
consisté simplement à supposer que l'*Ægilops triticoides* sauvage
était issu de l'*Ægilops ovata*.

Depuis cette époque, un nouvel examen de la question et
l'étude que nous avons pu faire sur le vif des caractères de ces
diverses plantes, nous ont conduit à reconnaître que la seconde
explication adoptée par nous précédemment n'était pas exacte,
tandis que la première se trouvait être, au contraire, la bonne.
L'objet du présent Mémoire est donc de revenir à cette première opinion et de démontrer qu'il y a eu nécessairement confusion d'espèces, de la part de M. Fabre; que là où il n'a cru

voir que deux espèces, avec des transmutations de l'une à l'autre, il y avait en réalité quatre plantes différentes , qui sont : 1° l'*Ægilops ovata*; 2° l'*Ægilops triticoides* ; 3° la plante cultivée par lui comme étant issue de l'*Ægilops ovata*, que nous désignons sous le nom d'*Ægilops speltæformis*; 4° le *Triticum vulgare*. Nous avons à faire voir en même temps que l'*Ægilops triticoides* de Requien ne doit être regardé que comme une déformation ou monstruosité très-singulière mais toujours stérile de l'*Ægilops ovata* , tandis que les trois autres plantes constituent autant de types spécifiques permanents et impossibles à confondre, quand une fois on a bien saisi par l'observation leurs caractères différentiels, qui sont beaucoup plus tranchés et plus importants que ceux par lesquels on distingue beaucoup d'autres espèces universellement admises de leurs groupes respectifs ; les deux derniers types notamment, qui sont l'*Ægilops speltæformis* et le *Triticum vulgare*, n'ayant entre eux que des rapports très-éloignés et pas d'affinité réelle.

A l'époque où nous nous sommes occupé pour la première fois de cette question, M. le docteur Godron que nous avions consulté, nous fit part d'une opinion encore inédite, adoptée par lui à ce sujet et qui nous parut si étrange, si singulière, que dans notre analyse de l'expérience de M. Fabre, nous ne crûmes pas qu'il fût à propos d'en parler, pour la réfuter d'avance , jugeant la chose inutile et ne doutant pas que ce savant, éclairé par la réflexion, en même temps que par de nouvelles observations, ne manquerait pas d'abandonner une manière de voir qui ne nous paraissait offrir rien de spécieux, rien même de vraisemblable. Elle consistait en effet : 1° à confondre identiquement la plante des cultures de M. Fabre avec le *Triticum vulgare*, comme étant de la même espèce, confusion surprenante de la part d'un observateur aussi habile, d'un auteur de travaux monographiques justement appréciés, qui avait pu se procurer sur les lieux de nombreux exemplaires des deux plantes et les étudier sur le vif ; 2° à supposer que le pollen des étamines du *Triticum vulgare*, transporté des champs d'alentour par les vents, était venu féconder l'*Ægilops ovata* jusque dans l'enclos complètement entouré de vignes, où M. Fabre disait avoir recueilli ses graines, et que le résultat de cette fécondation, opérée ainsi à distance, avait été d'abord de neutraliser complètement la fécondation de l'*Ægilops* par ses propres étamines, ensuite de donner naissance non pas à une variété de cet *Ægilops*, non pas même à un monstre ou hybride stérile, mais à une hybride fertile, ou, pour mieux dire, au *Triticum vulgare* lui-même, puisque les graines de cette hybride, étant jetées en terre, n'avaient reproduit autre chose, selon M. Godron, que du *Triticum vulgare*.

Si cette opinion de M. Godron nous a d'abord tellement surpris que nous avons eu de la peine à la croire sérieuse, on peut juger si notre surprise, ainsi que celle de beaucoup d'autres avec nous, a dû s'accroître, lorsque nous avons vu le savant auteur de la *Flore de France*, reproduire plus tard cette même opinion dans divers mémoires, en l'appuyant d'expériences faites par lui dans le but de s'éclairer à ce sujet et qui, à l'en croire, seraient venues la confirmer pleinement. Notre incrédulité à cet égard est demeurée entière et, en présence de ces nouvelles assertions, elle n'a pu faire place au moindre doute ; car nous avions eu nous-même, dans l'intervalle, l'occasion d'étudier encore, avec plus de soin que nous ne l'avions fait d'abord, la plante de M. Fabre, en l'élevant de graines et en la comparant sur le vif, dans divers états et pendant toute la durée de son développement, soit avec le *Triticum vulgare*, soit avec l'*Ægilops ovata*. L'opinion de M. Godron nous a toujours paru reposer uniquement sur des suppositions mal fondées, qui lui ont été suggérées par une théorie très-hasardée sur l'hybridité des végétaux, et qu'il a cherché ensuite à justifier par des expériences beaucoup trop incomplètes, en négligeant les comparaisons d'espèces et les études analytiques les plus indispensables.

Mais beaucoup d'hommes éclairés, qui n'avaient pas, comme nous, étudié la question ou qui manquaient d'éléments complets de conviction, sont restés dans le doute à cet égard. Nous devons convenir même que les adhésions ne lui ont pas manqué. Il est arrivé ce que l'on voit d'ordinaire en pareil cas : lorsqu'une question a été soumise à l'examen d'un juge compétent, qui a eu tout le temps, toutes les facilités désirables pour observer convenablement les faits, beaucoup de gens qui ne peuvent ou ne veulent pas répéter les expériences et faire les vérifications nécessaires, trouvent raisonnable de s'en tenir au jugement énoncé ; l'affirmation d'un homme éclairé leur suffit. Ils font ainsi acte de foi ; car dans la science même la foi est nécessaire, et souvent il y aurait folie à repousser complètement le témoignage d'autrui, à n'admettre comme vrai que ce que l'on a pu voir et expérimenter soi-même, ou dont on peut se rendre compte très-exactement. On se résout difficilement à croire, sans des preuves positives, qu'un homme jusque-là réputé habile et consciencieux, ait apporté dans ses observations autant de légèreté qu'on devait attendre de lui de prudence et de circonspection, ou que des idées systématiques et fausses aient dominé son esprit, au point de lui faire oublier les conditions les plus essentielles d'une bonne expérimentation. Cependant, lorsque celui qui est appelé à donner son avis sur des faits qui nécessitent des comparaisons délicates et très-soigneusement faites, se borne à dire qu'il les connaît à fond, sans présenter à l'appui de son affirmation une analyse ou exposition qui soit la garantie d'une étude suffisante et d'une connaissance vraiment approfondie, il nous semble que, dans ce cas, il est prudent de se tenir sur ses gardes, et de ne donner son adhésion aux résultats indiqués que sous toutes réserves.

Ayant pris pour tâche de réfuter ici l'opinion précitée de M. Godron, que nous croyons fausse, ayant en même temps à exposer et à défendre celle que nous avons adoptée nous-même, après un examen continué pendant trois années, qui nous a permis de rectifier ce qu'il pouvait y avoir d'erroné sur un point secondaire, dans une première appréciation antérieurement livrée par nous à la publicité, nous ne venons pas simplement à des assertions contraires opposer les nôtres, ni demander que, à notre tour, on nous croie sur parole ; notre désir serait, au contraire, de faire en sorte que chacun puisse dans cette question juger par lui-même, avec une entière connaissance de cause, toutes les pièces du débat étant mises sous ses yeux, et ce

jugement étant rendu facile par l'analyse que nous avons à présenter. Déjà l'*Ægilops ovata* et le *Triticum vulgare* sont des
plantes que l'on trouve dans tous les herbiers, et il ne tiendra
pas à nous que l'*Ægilops speltæformis*, cette espèce remarquable qui a donné lieu à tant de méprises, et que nous cherchons
à multiplier par semis dans nos cultures, ne soit bientôt répandue
partout en Europe, dans les herbiers aussi bien que dans les
jardins botaniques et autres établissements horticoles. Il sera donc,
nous l'espérons, bientôt loisible à tous d'apprécier, avec l'aide
de notre analyse, ce que valent les assertions de M. Godron sur
le point en litige, ou, en admettant par hypothèse qu'elles fussent
exactes, quant au fait de l'origine de la plante qui nous occupe,
de l'*Ægilops speltæformis,* ce que vaudraient, dans ce cas, les
conclusions qu'il a cru pouvoir tirer de ses observations.

Avant d'aborder notre sujet, nous tenons à placer ici quelques
remarques préliminaires dont on sentira plus loin la portée.

Lorsque nous avons été dans le cas d'examiner avec soin les
caractères génériques, ainsi que les rapports mutuels des *Ægilops*
et des *Triticum*, nous ne connaissions encore que très-imparfaite-
ment les diverses sortes de nos Blés cultivés, auxquelles nous
n'avions pu donner jusque-là qu'une attention fort légère. Nous
n'avions donc aucune raison tirée de notre expérience personnelle
et directe, pour ne pas adopter l'opinion des auteurs et des mo-
nographes les plus suivis, qui ont établi parmi les Blés cultivés
un nombre très-limité d'espèces, soit en groupant des variétés
plus ou moins nombreuses autour de chaque type supposé, soit
en négligeant ou passant sous silence, comme d'une importance
secondaire, toutes ces variétés, afin de s'attacher uniquement aux
types les plus généralement reconnus et les plus nettement caractérisés. Nous croyions alors très-naïvement, sur la foi des mono-
graphes, que, chez les Blés, la même espèce pouvait offrir un épi
tour à tour lâche ou compacte, aristé ou mutique, glabre ou
velu, de couleur blanche, noire ou rougeâtre, etc., sans cesser
d'être identiquement la même, sous tous les autres rapports,
lorsqu'elle se présentait avec l'une ou l'autre de ses modifications;
mais l'expérience nous a bientôt détrompé à cet égard. Ayant

cultivé, pendant trois années successives, les principales espèces ou variétés de nos Blés, nous avons pu reconnaître aisément, dans les·divers organes de ces prétendues variétés, beaucoup d'autres caractères non signalés ainsi que des différences constantes, plus ou moins saillantes sur le vif, qui ne permettaient pas de les confondre spécifiquement. Nous avons donc acquis la certitude que les délimitations d'espèces parmi les Blés, telles qu'elles sont adoptées aujourd'hui généralement par les auteurs, n'avaient point pour base l'expérimentation, jointe à l'étude analytique des organes faite sur la plante vivante, mais qu'elles reposaient uniquement sur des jugements hypothétiques et des analyses très-incomplètes.

La plupart des auteurs qui ont traité monographiquement des céréales, persuadés qu'il fallait avant tout réduire les espèces et n'en établir que sur des caractères tout-à-fait tranchés, très-faciles à reconnaître dans les herbiers, se sont attachés d'abord à réunir par groupes les nombreuses formes qui étaient l'objet de leur examen; puis ils sont arrivés à considérer ces groupes comme représentant autant de types spécifiques uniques à l'origine, qui plus tard auraient été démembrés, et se présenteraient actuellement sous des états divers comme autant de formes distinctes devenues permanentes. Cette opinion plus ou moins spécieuse, qui n'était après tout qu'une simple hypothèse, également applicable à tous les groupes possibles de formes végétales rapprochées par une certaine affinité, ils l'ont adoptée et soutenue, exactement comme si c'eût été là un fait démontré par l'expérience. D'autres l'ont adoptée également, parce qu'elle leur offrait l'avantage de simplifier singulièrement l'étude des Blés, en éliminant purement et simplement, ou en reléguant sur un plan secondaire, tout ce qui pouvait être un sujet de difficulté, et nécessiter un travail d'analyse ou d'expérimentation; bientôt elle est devenue générale, parmi les hommes de la science, et chacun s'est dit qu'il fallait qu'elle fût établie sur des preuves bien certaines pour être ainsi admise sans contestation, tandis que, en réalité, ce n'était qu'une hypothèse spécieuse et commode, à laquelle on avait attribué la valeur d'un fait.

On doit très-bien sentir, d'après cela , que des travaux monographiques qui n'ont pas pour base l'analyse expérimentale ,
et dont les auteurs s'inclinant devant l'autorité de leurs devanciers , se sont bornés à reproduire servilement des opinions qui
n'étaient fondées que sur des hypothèses , appellent une révision
prochaine et nécessaire. Il n'est pas douteux pour nous , d'après
tout ce que nous avons pu voir et expérimenter jusqu'ici , qu'il
existe parmi les Blés cultivés , des espèces nombreuses , dont les
différences tout-à-fait claires et saillantes pour un observateur
non prévenu, qui n'a pas un parti pris de réunir ce que la nature
a séparé , devront être soigneusement observées et signalées par
les botanistes descripteurs ; mais il est certain également que
beaucoup de Blés cultivés dans différents pays , sous divers
noms , sont de la même espèce. Dans l'état où se trouve actuellement la nomenclature des Blés , les distinctions et les rappro-
chements à faire sont devenus difficiles , par suite de la fausse et
arbitraire délimitation des espèces, qui , en infirmant la valeur
de leurs véritables caractères distinctifs , tend à les faire méconnaître complètement. Ce ne sera donc qu'en se plaçant à un
point de vue tout opposé , sur le terrain de l'expérience, et non
sur celui de l'arbitraire , qu'il deviendra possible de rapprocher
ce qui est identique, et de séparer avec une exactitude rigoureuse
tout ce qui doit l'être. Il y a là matière à une réforme tout-à-
fait indispensable. Sans reculer nous-même devant cette tâche
que d'autres travaux ne nous permettent pas d'entreprendre immédiatement , nous aimerions mieux laisser à de plus habiles le
soin de l'accomplir , content de leur avoir seulement indiqué la
voie.

Ce que nous venons de dire ici pourra servir à faire comprendre comment , faute d'apprécier avec exactitude la valeur de
certains caractères hypothétiquement réputés variables par les
auteurs , chez les Blés et autres plantes analogues, nous n'avons
pas su dans notre première analyse distinguer spécifiquement sur
des échantillons d'herbier, l'*Ægilops speltæformis* du véritable
Ægilops triticoïdes de Requien , suivant en cela l'exemple que
nous avaient donné MM. Dunal et Godron. On s'expliquera peut-

être de la même manière , et jusqu'à un certain point, comment M. Godron a pu confondre , même à l'état de vie , non seulement l'*Ægilops speltæformis* avec l'*Ægilops triticoides*, mais encore l'*Ægilops speltæformis* avec le *Triticum vulgare ;* ce qui est bien plus surprenant, ces deux plantes étant l'une et l'autre dans un état parfaitement normal et appartenant à deux groupes tout-à-fait distincts, comme nous le montrerons bientôt. Nous voulons parler d'abord de l'*Ægilops triticoides.*

Cette dernière plante , que nous avons examinée dans l'herbier de Requien , à Avignon , où elle est représentée par une nombreuse collection d'individus recueillis pendant diverses années , se montre constamment stérile , d'après ce que nous ont affirmé plusieurs botanistes, qui ont été dans le cas de l'observer vivante. Nous pouvons citer parmi eux le directeur du jardin botanique d'Avignon , M. Palun , l'ami et le collaborateur de Requien, qui observe , depuis près de trente années , l'*Ægilops triticoides*, et m'a assuré que ni lui, ni Requien qui désirait beaucoup cultiver cette plante , n'avaient pu la multiplier de graines.

M. le docteur Touchy de Montpellier , botaniste très-instruit, dont les explorations assidues , pendant tant d'années , ont singulièrement enrichi la Flore de Montpellier et qui , conjointement avec le professeur Delille , a fait au Port-Juvénal tant de belles découvertes, que M. Godron vient de mettre si heureusement à profit , au grand avantage de la science , en publiant , après un court séjour à Montpellier , deux opuscules intéressants : la *Florula-Juvenalis* et les *Additions à la Flore de Montpellier,* M. Touchy , disons-nous , nous a certifié les mêmes faits. Selon lui, l'*Ægilops triticoides* est toujours stérile à Montpellier, où il l'observe depuis plus de vingt ans.

Il n'en est pas ainsi de la plante des cultures de M. Fabre, de l'*Ægilops speltæformis ;* celle-ci se montre , au contraire , fertile et toujours pourvue de graines excellentes , comme le fait est attesté par ses douze années successives de culture chez M. Fabre, ainsi que par les trois années postérieures de notre propre culture, de celle de M. Decaisne au Muséum de Paris , et de beaucoup d'autres personnes , de M. Vilmorin entr'autres qui en avait

présenté , cette année , de très-beaux épis à l'exposition universelle de l'industrie. Cette différence seule, bien constatée, prouve
déjà qu'il n'y a pas identité entre les deux plantes. Mais de plus,
une analyse très-attentive nous a prouvé qu'elles sont également
distinctes sous d'autres rapports. Tous les exemplaires d'*Ægilops
triticoides* que nous avons pu examiner , tous ceux notamment
qui se trouvent dans l'herbier de Requien , présentent, indépendamment des deux dents marginales, deux arêtes au sommet des
valves de la glume avec une dent intermédiaire ou rudiment
d'une troisième arête. Dans l'*Ægilops speltæformis* , au contraire, il n'y a jamais qu'une seule arête médiane, avec les deux
dents marginales , dont l'extérieure se présente parfois , mais
rarement , sous la forme d'une arête écourtée. Cette différence
très-importante, puisqu'elle équivaut et au-delà à celle qui sépare
principalement l'*Ægilops triaristata* de l'*Ægilops ovata* , étant
jointe à la forme des épillets qui, dans l'*Ægilops speltæformis,*
sont plus renflés et bien plus rapprochés , à la nervure dorsale
de leurs glumes qui est plus saillante, tandis que les nervures
latérales sont, au contraire, moins nettes ; cette différence, disons-
nous, dans le nombre des arêtes, suffit parfaitement pour distinguer l'*Ægilops speltæformis* de l'*Ægilops triticoides* , et lorsqu'on sait en outre d'une manière positive que le premier est
toujours fertile , tandis que le second est , au contraire , toujours
stérile, il devient impossible de les confondre.

Mais si l'*Ægilops triticoides* de Requien est toujours stérile, on
arrive naturellement à se demander comment s'opère sa multiplication et ce qu'il faut penser de sa valeur comme espèce. Chez
les plantes vivaces , qui ont des modes de propagation assez
divers , et dont la durée est d'ailleurs indéterminée, la stérilité
habituelle n'est pas toujours un fait d'une grande importance,
au point de vue de la distinction spécifique, parce qu'il peut se
faire que leur reproduction par graines soit subordonnée à certaines circonstances de climat, ou à d'autres qui ne se rencontrent
pas partout, ni toujours. On ne peut donc pas, le plus souvent,
contester la valeur spécifique d'une plante vivace, d'après ce seul
fait qu'elle ne donne pas de graines fertiles. Chez les plantes

annuelles, au contraire, comme les *Ægilops*, qui n'ont d'autre mode de propagation que le semis de leurs graines, ce seul fait qu'une forme est toujours stérile, étant bien constaté, il est démontré qu'elle ne constitue pas une espèce particulière, qu'elle ne peut être autre chose qu'une monstruosité ou déformation accidentelle de quelqu'une des espèces du groupe auquel elle se se rapporte.

A ne considérer que sa forme extérieure, l'*Ægilops triticoides* paraît tout-à-fait distinct des autres espèces d'*Ægilops* du midi de la France, et, au premier coup d'œil, il ne semble voisin que de l'*Ægilops speltæformis ;* mais, de quelque manière qu'on le juge, il est impossible, quand on connaît bien les caractères du genre *Ægilops,* de douter qu'il appartienne à ce genre. Il faut une singulière prévention d'esprit, et surtout bien peu d'attention, pour le rapprocher, je ne dirai pas spécifiquement, mais même génériquement, du *Triticum vulgare* et de tous les autres vrais *Triticum,* dont les épillets, beaucoup plus renflés et plus ouverts, présentent une contraction si caractéristique à leur base qui est relevée de côtes saillantes, et se trouve plus étroite ellemême que l'axe auquel elle adhère, tandis que dans l'*Ægilops triticoides,* comme dans tous les *Ægilops,* la base des épillets n'est nullement contractée, ni anguleuse, et toujours au moins égale à l'axe.

L'*Ægilops triticoides* étant bien un véritable *Ægilops* et n'étant pas cependant une espèce particulière, doit donc être nécessairement considéré comme une déformation de l'une des trois espèces de ce genre qui croissent dans le midi de la France. Il ne peut appartenir à notre *Ægilops speltæformis,* comme la ressemblance semblerait l'indiquer d'abord, puisqu'il a été rencontré dans des lieux où l'on n'a jamais vu cette dernière espèce. S'il est vrai, comme l'affirme M. Godron, comme le fait m'a été également attesté par d'autres qui ont pu le vérifier sur le terrain, que cette plante naisse souvent d'un épi de l'*Ægilops ovata,* il devient dès-lors clair et évident par ce seul fait, qu'elle n'est autre chose qu'une déformation de cette espèce d'*Ægilops.* Comme il paraît que l'on trouve aussi quelquefois des individus de l'*Ægilops triticoides*, qui naissent d'un épi de l'*Ægilops triaristata*, ayant en même temps un aspect plus robuste que les autres, un feuillage vert et non glauque, ainsi que d'autres différences, il faudra conclure de là que cette deuxième espèce offre une déformation analogue à celle que présente l'*Ægilops ovata*. Ces deux espèces étant très-rapprochées par leurs caractères et très-semblables d'aspect, il est tout simple que leurs déformations soient analogues, et il n'est pas étonnant que celui qui ignore complètement le fait de la stérilité ainsi que le fait de l'origine de ces déformations, soit porté à les séparer chacune de leur type respectif, en les considérant comme constituant ensemble une seule espèce très-distincte ; car, à s'en tenir aux apparences, elles se ressemblent plus entre elles qu'elles ne ressemblent aux deux autres espèces qui croissent avec elles. Mais ici les apparences trompent en ce sens qu'elles font naître dans l'esprit une opinion erronée, dénonçant dans une forme végétale les propriétés et les attributs d'une espèce distincte, qu'en réalité elle ne possède pas.

Cet exemple peut très-bien servir à montrer que, lorsqu'il s'agit d'établir des distinctions spécifiques, la permanence des caractères et leur transmission par descendance doivent être prises pour base de ces distinctions et passer avant leur ressemblance, quoique dans toute forme spéciale la similitude des caractères soit, au point de vue logique, antérieure à leur transmission ; qu'ainsi c'est bien là le vrai critère qu'il faut suivre, puisque des marques distinctives très-frappantes peuvent n'être dans la réalité qu'accessoires et individuelles, tandis que des marques très-légères en apparence peuvent être, au contraire, les vrais et solides caractères spécifiques, étant les seules qui soient permanentes.

L'*Ægilops triticoides* de Requien ne serait donc, d'après les indications qui précèdent, qu'une déformation très-singulière, susceptible d'être rencontrée chez plusieurs espèces du genre *Ægilops*, et conservant tous les caractères génériques des *Ægilops*. Il y aurait ainsi une déformation *triticoides* de l'*Ægilops triaristata*, de même qu'une déformation *triticoides* de l'*Ægilops ovata*, ces deux déformations étant spécifiquement distinctes l'une de l'autre, sans aucun doute, mais tout-à-fait analogues, comme le sont entre eux, dans leur état normal, les types spécifiques auxquels elles appartiennent. Mais, si l'*Ægilops triticoides* de Requien n'est autre chose qu'une déformation bien constatée, il nous reste à rechercher quelle peut en être la cause.

On sait que les déformations des végétaux peuvent être attribuées à des causes assez diverses, au nombre desquelles il faut compter l'hybridité. N'ayant pu jusqu'ici faire des observations suivies sur le terrain pour nous éclairer au sujet de la cause des déformations des *Ægilops* dont nous venons de parler, n'ayant pas vu réussir, par suite de circonstances accidentelles, les essais d'hybridation artificielle que nous avions tentés dans le même but, nous n'avons aucun motif tiré de notre expérience personnelle et directe, pour repousser complètement l'opinion de M. Godron sur ce point, ni pour contester les résultats qu'il dit avoir obtenus de ses expériences, et qui l'ont conduit à considérer l'*Ægilops triticoides* de Requien comme une hybride ; nous croyons seulement qu'il exagère beaucoup l'importance de ces résultats et que sa démonstration, loin d'être complète, comme il le croit, laisse, au contraire, beaucoup à désirer.

Il paraît certain sans doute, d'après les expériences de M. Godron, en les supposant exactes, qu'il est possible de féconder l'*Ægilops ovata* par diverses sortes de Blé, et d'obtenir ainsi artificiellement diverses déformations hybrides ; chose qui, en elle-même, n'a rien de bien étonnant. Mais ce qui, à notre avis, n'est pas prouvé, c'est que les produits obtenus de cette façon soient, comme l'affirme M. Godron, identiques ou même absolument analogues à ces déformations sauvages des *Ægilops*, qui avaient été comprises sous la dénomination d'*Ægilops triticoides*. Son affirmation à cet égard aurait plus de poids certainement, s'il s'était d'abord assuré de l'exacte détermination et de la valeur comme espèce de chacune des formes végétales sur lesquelles il a opéré ou qui ont été l'objet de ses comparaisons ; ce qui n'est pas une chose aussi simple et aussi facile dans la pratique que beaucoup de gens se l'imaginent. Lorsque nous le voyons confondrc non-seulement l'*Ægilops triticoides* avec l'*Ægilops speltæ-formis*, mais encore identifier ce dernier avec le *Triticum vulgare*; lorsqu'il ne voit dans le *Triticum hybernum* qu'un *T. vulgare* ayant des arêtes de moins; lorsqu'il opère sur un Blé aristé qui, selon lui, n'est pas le Blé *Touzelle*, et ne s'arrête même pas à rechercher en quoi il diffère de ce dernier, qui paraît être le seul Blé aristé que l'on cultive dans les localités du midi où a été trouvé l'*Ægilops triticoides*; lorsqu'enfin il ne voit partout que les ressemblances, et que les différences lui échappent presque complètement, il nous semble que ses affirmations, quelque sincères qu'elles puissent être, ne présentent pas toutes les ga-ranties d'exactitude qu'on est en droit d'exiger pour une solution entière de la question.

Une des principales sources des erreurs qui peuvent être commises dans ces sortes d'expériences, et dans lesquelles on voit journellement tomber presque tous nos modernes hybridomanes, consiste dans le défaut d'une connaissance approfondie des espèces en général, surtout de celles qui sont l'objet direct des expérien-ces ou des comparaisons à faire, et que l'on juge ordinairement d'après des idées théoriques, plutôt que d'après une analyse très-exacte. Comme il y a un grand nombre de genres dont les espèces ont une telle affinité entre elles, qu'elles parais-sent toutes, pour ainsi dire, intermédiaires les unes aux autres; lorsqu'un de ces partisans outrés des hybrides, qui croient en trouver à chaque pas dans la nature, se livre à des expériences, afin d'y trouver la confirmation de ses vues à cet égard, et qu'il obtient par des fécondations artificielles quelque modification individuelle d'apparence intermédiaire aux deux espèces qui ont servi de parents dans l'expérience, il ne manque pas de vrai-semblances pour rapporter son hybride à quelqu'une de ces espèces sauvages du même genre, que l'on distingue difficilement de ses congénères; l'imagination, plutôt que l'analyse, venant ensuite en aide à la bonne volonté, il demeure bientôt persuadé qu'il y a, en effet, identité, et c'est ainsi qu'une bonne espèce, mal étudiée, devient pour lui une hybride; ce qui nous est arrivé à nous-même, ainsi qu'à M. Godron, en confondant l'*Ægilops triticoides* avec l'*Ægilops speltæformis*, lui arrivera cent fois dans ces sortes d'expériences qui donnent lieu à des comparaisons d'espèces très-voisines.

C'est ainsi que nous avons vu M. Wimmer se faire une illusion complète, en confondant des modifications de *Salix*, qui étaient peut-être dues à l'hybridité, avec de vraies espèces sauvages du même genre. C'est ainsi encore que tout dernièrement, M. Wichura, à Breslau, marchant sur les traces de M. Wimmer, et s'étant mis à féconder artificiellement diverses espèces de *Salix*, croit déjà trouver dans les hybrides obtenues par lui un certain nombre des espèces admises par les auteurs. Ses produits hybrides ne sont encore que de jeunes arbres, dans la première ou deuxième année de leur développement, ne portant encore ni fleurs ni fruits ; il n'en a pas moins hâte de les juger, comme si c'était une chose très-facile ; ce qui permet d'assurer d'avance que si, dans de pareils jugements, il n'y avait pas pour le moins autant d'erreurs que d'affirmations, ce serait un vrai miracle. Gallesio, dans son remarquable traité du *Citrus* où se trouvent développées des idées fort justes sur l'espèce en général, ainsi que sur les hybrides, et où se trouvent en même temps indiqués les résultats d'expériences faites par lui avec beaucoup de méthode et de précision, est conduit également par un défaut de connaissance des espèces, à considérer comme des hybrides divers *Citrus* qui très-probablement n'en sont pas, mais lui ont paru présenter de l'analogie avec les vraies hybrides produites par ses fécondations artificielles. Ainsi qu'il le pressent lui-même dans sa préface, il donne une extension beaucoup trop grande aux résultats de ses expériences, énumérant et décrivant comme hybrides, ou comme variétés, un grand nombre de *Citrus* originaires des Indes et de la Chine, qui sans doute pour la plupart constituent des espèces distinctes. Quoique nous n'ayons pas étudié les *Citrus*, nous avons tout lieu de croire, d'après certaines analogies, qu'il en sera des quatre espèces types de *Citrus* admises par Gallesio, comme de ces trois espèces types qu'il suppose comprendre tous les Cerisiers des cultures, parmi lesquels nous en avons déjà reconnu et constaté par nos propres observations plus de vingt, qui , étant très-nettement caractérisés dans leurs divers organes et plus distincts que beaucoup d'espèces sauvages , constituent , selon nous , de vrais types spécifiques permanents et héréditaires.

Les remarques qui précèdent ont pour but de montrer de quelle importance est une analyse exacte et savante des espèces , lorsqu'on veut arriver à la certitude dans la question du genre de celle qui nous occupe. L'origine hybride de l'*Ægilops triticoides* nous paraît donc , ainsi qu'à d'autres botanistes , une opinion seulement probable , mais non pas rigoureusement démontrée. En admettant qu'elle le soit , ce qui ne peut tarder long-temps à être connu , s'il est bien vrai que les déformations *triticoides* des *Ægilops* sont dues à l'hybridité , et proviennent de la fécondation d'un *Ægilops* par un *Triticum* , de l'*Ægilops ovata* notamment par le *Triticum vulgare* , qu'elles constituent de véritables hybrides , des hybrides parfaites ; comme ces déformations conservent néanmoins dans leur forme tous les caractères distinctifs du genre *Ægilops ;* que chez elles , de même que chez tous les *Ægilops*, les épillets ont leur base égale à l'axe, nullement contractée ni anguleuse comme chez les *Triticum* ; qu'elles offrent de plus , ainsi que les autres *Ægilops* , des glumes nettement striées et surmontées de plusieurs arêtes au lieu d'une seule , que la côte dorsale des glumes n'est point carénée, qu'en un mot ce sont bien de vrais *Ægilops*, quelque anormal que soit leur état ; il résulterait de là une démonstration par l'expérience, très-claire et très-frappante, de la vérité de la théorie que nous avons émise ailleurs au sujet des hybrides , d'après laquelle elles devraient toujours être considérées comme appartenant en réalité , quelque insidieuses que fussent certaines apparences, au type maternel, à l'espèce de laquelle elles sont issues directement , et dont elles offriraient toujours le type, mais arrivé à l'état de déviation le plus grand que sa nature essentielle comporte.

Comme , en étudiant les êtres , nous n'apercevons que leurs apparences extérieures, et que ce qui fait le fonds de leur essence échappe à nos sens, il peut très-bien arriver que nous

17

soyons trompés par les apparences dans les jugements que nous avons à porter sur leur nature. C'est ainsi que, dans certains cas, une forme végétale sera rapportée comme identique à une espèce dont elle est, au fond, très-distincte ; ou bien il arrivera qu'ayant à comparer une plante à deux autres dont elle est voisine, quoique à des degrés divers, nous jugerons, sur les apparences, qu'elle se rapproche davantage de celle des deux dont elle est, au contraire, le plus éloignée par sa nature ; cette erreur provenant de ce que nous donnons souvent trop d'importance à des caractères qui ne sont qu'accessoires, parce qu'ils nous frappent davantage, tandis que nous n'en donnons pas assez aux caractères vraiment essentiels et spécifiques, parce qu'ils sont moins apparents. Enfin, ce qui a lieu surtout dans les cas d'hybridité, où l'esprit est tenu en suspens par l'ambiguité des apparences, on pourra croire qu'une plante tient si exactement le milieu entre deux autres, qu'il est impossible, d'après la seule étude des caractères, de la rapporter avec certitude à l'une plutôt qu'à l'autre, quoiqu'elle soit dans la réalité bien plus éloignée de l'une des deux, appartenant à l'autre spécifiquement.

Les formes hybrides étant celles dont l'appréciation offre le plus de difficultés dans la pratique, parce qu'elles empruntent leurs traits caractéristiques à deux types distincts, et que d'ordinaire les caractères vraiment essentiels des types nous sont assez peu connus, il est indispensable, quand on se livre à l'étude des faits de ce genre, de rechercher d'abord ce qui doit être, afin de s'assurer plus facilement de ce qui est. Sans sortir du champ de l'observation, on peut affirmer, avec une très-grande probabilité, que ce qui doit être dans un cas nouveau mais difficile d'hybridité, c'est ce qui a déjà été constaté dans un cas tout-à-fait analogue, où les faits n'offraient pas la même ambiguité.

S'il est donc, disons-nous, démontré par l'expérience que l'*Ægilops ovata*, fécondé par le *Triticum vulgare*, produit une véritable hybride, s'il est certain en même temps que cette hybride conserve tous les caractères essentiels des *Ægilops*, tous ces caractères qui permettent de séparer les *Ægilops* des *Triticum*

2

comme un genre ou un groupe à part , il en résulte que cette hybride est restée plus rapprochée de l'*Ægilops ovata* qui est son type maternel , que du *Triticum vulgare* qui est son type paternel. Comme le type maternel domine avec plus d'évidence encore chez les semi-hybrides , qui retournent immédiatement et invariablement à ce type , on peut très-bien conclure de là que le fait signalé par M. Godron nous révèle une loi de la nature, et que toutes les hybrides appartiennent en réalité comme espèce à la plante-mère , quelque douteuses que soient les apparences dans certains cas.

Déjà l'on sait depuis longtemps par les expériences de Haller, ainsi que par les belles remarques de Bonnet à leur sujet, que, chez les végétaux comme chez les animaux, le germe préexiste à la fécondation. L'œuf végétal, aussi bien que l'œuf animal, avant d'avoir reçu l'action fécondante , est véritablement constitué : il est *sui generis*. S'il acquiert par cette fécondation, avec la faculté de se développer , une certaine détermination dans le mode même de son développement, s'il reçoit chez les êtres plus élevés, ce qu'on peut appeler l'empreinte de la race, il est impossible néanmoins d'admettre que, dans aucun cas , il puisse devenir *alii generis* , devenir d'une espèce autre que celle à laquelle il appartenait avant d'être fécondé. Dans le cas d'hybridation, le produit qui en résulte représentera donc toujours le type maternel, à la vérité dévié et monstrueux sous divers rapports, mais nullement détruit dans son essence, seulement modifié profondément dans ce qui tient au mode de son développement. Nous aurons donc à remercier M. Godron de nous fournir ainsi une excellente preuve de fait, à l'appui d'une théorie déjà très-fondée en raison, qui nous fait connaître la vraie nature des hybrides ; elle recevra ainsi de l'expérience, par son concours, quoique bien à son insu à la vérité, une sanction nouvelle et décisive.

Nous venons de démontrer que l'*Ægilops triticoides* signalé à Avignon par Requien et observé par diverses personnes dans d'autres localités du midi de la France, n'est pas une espèce particulière différente des autres, mais une déformation de l'une des espèces déjà connues du genre *Ægilops*, déformation dont la cause peut, avec une certaine probabilité, être attribuée à l'hybridité. Il nous reste à faire connaître les caractères de l'espèce remarquable et tout-à-fait tranchée , que M. Fabre dit avoir rencontrée sauvage aux environs d'Agde, en la confondant dans cet état avec la déformation *triticoides* dont nous venons de parler, et en la considérant, après l'avoir élevée de graines dans ses cultures, comme un produit de l'*Ægilops ovata*, tout-à-fait distinct de cette espèce, et bien plus semblable au Blé *Touzelle* que l'on cultive généralement dans le midi ; appréciation erronée, selon nous, sur laquelle M. Godron est venu ensuite renchérir de beaucoup, en prétendant que le produit de l'*Ægilops ovata* n'était autre chose qu'un vrai *Triticum vulgare*, qui, passé d'abord à l'état d'hybride, sous la forme *triticoides* issue d'un *Ægilops ovata* fécondé par lui, était finalement revenu à lui-même, à son propre type, dans les cultures de M. Fabre ; les hybrides, selon M. Godron, faisant retour, quand elles sont fertiles , au type qui a servi d'agent fécondateur.

Notre but n'est pas de décrire ici par une analyse très-minutieuse, cette espèce si remarquable, que nous supposons nouvelle pour la science ; nous voulons simplement appeler, en la signalant, l'attention des observateurs sur les caractères les plus tranchés qui ne permettent de la confondre avec aucune autre , et qui la placent, dans la série naturelle, à une grande distance du *Triticum vulgare* et des autres vrais *Triticum*. Selon nous, elle marque le passage du genre *Ægilops* au genre *Spelta* , ainsi que nous l'avons dit déjà dans notre premier article à ce sujet ; mais nous croyons néanmoins que sa place est véritablement dans le genre *Ægilops* , d'après l'ensemble de ses caractères. En voici la description :

ÆGILOPS SPELTÆFORMIS , Nob.

Epi serré , tétragone, parallèlement comprimé , toujours dressé et rigide, se détachant de l'axe et tombant sur le sol, aussitôt après la maturité. *Epillets* au nombre de 10-12, étroitement imbriqués, un peu renflés, à base large non contractée ni anguleuse, tous munis d'arêtes dressées, assez raides, à 4-5 fleurs; les trois fleurs inférieures fertiles, la pénultième mâle, la supérieure avortée et rudimentaire ainsi que son arête. *Glume* (bractées extérieures) à deux valves égales plus courtes que l'épillet, ovales, munies de nervures plus ou moins prononcées et inégales, à dos arrondi relevé par une nervure saillante, rudes et hispides sur les nervures, tronquées et tridentées au sommet; dent intermédiaire formée, sur le prolongement de la nervure dorsale, en arête égalant trois ou quatre fois la longueur de la valve; dents latérales écourtées, dont l'extérieure se prolonge quelquefois en une très-courte arête. *Glumelle* (bractées intérieures) à valves presque égales; la supérieure obtuse; l'inférieure tronquée et tridentée, à dent intermédiaire terminée en arête quatre fois plus longue que la valve, à dents latérales écourtées. Graine restant toujours enfermée dans son enveloppe, ovale-oblongue, à face interne présentant un sillon très-large et très-ouvert dont les bords sont anguleux; à face externe convexe et inégale, marquée sur le dos d'un petit sillon très-superficiel, plus ou moins visible, à épiderme subruguleux de couleur roussâtre. *Feuilles* vertes ou subglaucescentes, assez larges, planes, auriculées à la base, à ligule très-courte. *Chaume* cespiteux à la base, haut de 6-10 décimètres. *Racine* fibreuse, annuelle. — Fleurit en juin.

Cette espèce, trouvée aux environs d'Agde par M. E. Fabre, est très-probablement originaire d'Orient, comme tant d'autres espèces qui ont été trouvées sur divers points du littoral où elles avaient été apportées accidentellement, et d'où elles ont fini presque toujours par disparaître, notamment au Port-Juvénal près de Montpellier, à Marseille, Fréjus et ailleurs.

Si, dans la description qui précède, nous avons indiqué plusieurs caractères qui sont communs aux autres espèces du genre *Ægilops* et trouveraient mieux leur place dans la description du genre, c'est uniquement pour faire ressortir davantage l'énorme différence qui sépare cette plante du *Triticum vulgare*, auquel on a voulu la rapporter, contre toute vraisemblance, et montrer qu'elle ne peut avoir d'affinité spécifique avec aucune des variétés du *Triticum vulgare* des auteurs, notamment avec la variété aristée, connue sous le nom de Froment barbu, de Blé *Touzelle*, que M. Godron a eu spécialement en vue, et qu'il croit être le type originel de cette plante. Nous allons indiquer maintenant par une comparaison détaillée des principaux organes, les différences essentielles qui séparent ces deux espèces, quoique ce soit peut-être là, pour beaucoup de personnes, une démonstration tout-à-fait superflue.

Dans l'*Ægilops speltæformis* comparé au *Triticum vulgare* : 1o L'épi présente, à la maturité, quatre faces presque d'égale largeur ; tandis que, dans le *Triticum vulgare*, les faces de l'épi qui se trouvent placées dans le sens de la largeur du rachis, sont manifestement plus larges que les deux autres. 2o Les épillets sont bien moins nombreux et moins renflés, à base large, non contractée, égale à l'axe ; tandis que ceux du *Triticum vulgare* se montrent très-renflés et ouverts au sommet, à la maturité, étant comme étranglés et relevés de côtes à leur base qui est plus étroite que l'axe. C'est de cette structure de l'épillet vers sa base, qui lui est commune avec le *Triticum turgidum* et les autres vrais *Triticum*, que résulte dans le *Triticum vulgare* la grande ténacité du rachis, qui contraste avec la fragilité de ce même organe dans l'*Ægilops speltæformis*, et tous les *Ægilops* dont les articulations, de même que dans les *Spelta*, sont constituées d'une manière très-différente. 3o Les valves de la glume sont régulièrement arrondies sur le dos, à nervure dorsale bien moins saillante, n'offrant aucune trace de cette compression qui est très-visible à la partie supérieure de la glume, chez le *Triticum vulgare*, et fait paraître la côte dorsale saillante en carène ; elles sont en outre plus élargies au sommet, avec des rudiments d'arêtes latérales très-visibles, indépendamment d'une arête dorsale allongée ; tandis que dans le *Triticum vulgare* il n'y a jamais qu'une arête dorsale tout-à-fait écourtée, sans aucun rudiment d'arêtes latérales. 4o Les fleurs sont au nombre de quatre dans l'épillet, toutes aristées, dont trois fertiles, sans compter la petite fleur avortée du sommet ; dans le *Triticum vulgare* il n'y a que trois fleurs aristées, dont deux fertiles, et leurs arêtes sont aussi moins raides et plus longues de moitié. 5° Les graines se distinguent de celles du *Triticum vulgare* par leur face interne qui, au lieu d'offrir un sillon assez étroit, à bords arrondis, présente une dépression très-large et très-ouverte, dont les bords sont anguleux ; elles restent enfermées dans leur enveloppe qu'elles ne quittent jamais, tandis que celles du *Triticum vulgare* se détachent d'elles-mêmes de l'épi, et tombent nues sur le sol à la maturité complète. 6° Les tiges sont constamment plus basses dans un même lieu, toujours très-raides et sans inclinaison aucune, tandis que celles du *Triticum vulgare* qui sont d'abord très-droites, finissent par présenter une légère inclinaison vers le haut, à la maturité de l'épi, sans être cependant jamais penchées comme celles du *Triticum turgidum*. Cette seule différence de port, indépendamment de celles que présentent les épis dans leur forme et leur grosseur, ainsi que dans leurs arêtes qui sont plus courtes et plus montantes chez l'*Ægilops speltæformis*, donne à ces deux plantes un faciès très-différent, lorsqu'on les observe à distance et par masses d'individus.

Nous passons sous silence une foule d'autres caractères moins faciles à saisir ou d'une importance moindre, que présentent ces deux espèces, quand on les soumet à une analyse très-complète. Les différences que nous venons d'indiquer nous paraissent suffisantes pour démontrer que leur rapprochement comme espèce est absolument impossible, et que, dans le cas même où l'on voudrait donner au genre *Triticum* une très-grande extension, en lui rapportant non-seulement les genres *Spelta, Agropyrum, Brachypodium*, etc., qui sont très-distincts des vrais *Triticum*, mais encore les *Ægilops* et les *Lolium* qui ne sont pas mieux caractérisés et représentent des unités génériques d'une valeur presque équivalente ; dans le cas, disons-nous, où l'on ne verrait, contrairement à notre avis, dans ces divers groupes, que des sections d'un seul et unique grand genre, l'*Ægilops speltæformis* n'en devrait pas moins être placé à une très-grande distance du *Triticum vulgare*, dans une subdivision tout-à-fait à part, quoique, dans cette manière très-large de comprendre le genre *Triti-*

cum, il dût conserver la même dénomination générique. Tout en croyant que la distinction comme genres de ces divers groupes est bonne et doit être maintenue, nous ne pouvons nous empêcher de faire ici la remarque que c'est surtout dans les familles très-naturelles que les distinctions génériques paraissent le plus arti-ficielles et conventionnelles ; qu'ainsi, dans l'établissement des genres, il est possible, en se plaçant à des points de vue divers, de soutenir, presque avec une égale raison, des opinions tout opposées. Mais il en est tout autrement pour les espèces ; de deux opinions contraires sur la validité d'une espèce, l'une est nécessairement fausse, et le choix entre elles devient inévitable. Adopter, dans un cas en litige, une opinion mitoyenne, com-me le font quelques personnes, ou croire qu'une solution quelle qu'elle soit, est indifférente et ne peut être taxée d'erreur, c'est implicitement nier l'espèce ou la possibilité pour nous de cons-tater son existence ; ce qui aboutit à un septicisme radical, dont les conséquences ne peuvent être que très-funestes pour la science.

Si l' *Ægilops speltæformis* n'a aucune affinité véritable avec le *Triticum vulgare* dont il se sépare par des caractères très-tran-chés, il est, au contraire, assez voisin des espèces du genre *Spelta*, des Epeautres. Les *Spelta* sont en effet, à divers égards, intermédiaires aux *Triticum* et aux *Ægilops*, ayant, comme les espèces de ce dernier genre, des épillets à base large, non con-tractée ni anguleuse, le rachis fragile, la graine enveloppée et à sillon très-ouvert ; tandis que, par les glumes fortement caré-nées et dépourvues d'arête, ils se rapprochent, au contraire, des *Triticum*. L'*Ægilops speltæformis* nous paraît, sous plusieurs rapports, marquer le passage des *Ægilops* aux *Spelta*, dont il aurait plutôt l'aspect. Mais, quoique, dans cette espèce, la ner-vure dorsale de la glume soit un peu plus saillante que dans les autres *Ægilops*, il y a loin de là à la forme naviculaire que présente cet organe dans les *Spelta* ; et de plus, la présence constante d'une arête dorsale aux valves de la glume, qui fait défaut chez les *Spelta*, aussi bien que chez les *Triticum*, ne nous permet pas d'hésiter à le rapporter au genre *Ægilops*.

M. Seringe a établi fort judicieusement, à notre avis, le genre *Spelta* aux dépens de l'ancien genre *Triticum* ; car on y trouve réunis tous les attributs d'un bon genre, qui consistent dans des notes distinctives suffisamment tranchées, ainsi que dans un faciès caractéristique ; mais il n'a reconnu dans son genre que deux espèces, l'une qui correspond au *Triticum spelta* et l'autre au *Triticum amyleum*. Sur ce point, nous sommes d'un autre avis que le sien. Il s'est placé, en effet, à ce point de vue fréquemment adopté par les auteurs, qui les porte à n'admettre que des espèces d'une distinction très-facile, et à reléguer parmi les variétés toutes les formes dont les caractères paraissent moins saillants, fussent-elles très-reconnaissables à l'état de vie et très-constantes. Il nous semble qu'il y a prétention bien singulière à soutenir que l'Auteur de toutes choses n'a dû créer que des espèces qui seraient tranchées pour nous, et dont les limites seraient si exactement proportionnées à celles de nos facultés que nous pourrions toujours les reconnaître et les distinguer entre elles, sans le moindre effort d'attention ; tout cela pour la plus grande commodité des botanistes descripteurs et de ceux qui se livrent à l'étude des espèces en général. L'expérience et la pratique de tous les jours nous convainquent de plus en plus que cette prétention de certains auteurs n'est pas moins fausse que ridicule ; car, bien loin qu'il n'y ait dans la nature que des espèces tranchées, celles qui d'abord ont paru telles à l'observateur superficiel, se montrent bientôt à celui qui est attentif et patient dans son analyse, comme liées les unes aux autres par un grand nombre d'espèces intermédiaires, dont la détermination exacte exige beaucoup de temps et d'étude.

C'est ainsi que dans les diverses sortes d'Épeautres que nous avons cultivées, dans celles notamment que nous avons reçues sous des noms de variétés du jardin botanique d'Heidelberg, nous avons reconnu plusieurs espèces distinctes, renfermées, sans doute, implicitement dans celles admises par M. Seringe, mais qui n'en sont pas moins assez bien caractérisées pour être très-reconnaissables, et sont, à n'en pas douter, très-constantes. Nous allons en dire un mot, en passant, et signaler quelques-uns de leurs caractères , afin qu'on ne nous accuse pas d'émettre des assertions en l'air , dont la vérification ne serait pas une chose très-facile.

Parmi les diverses Épeautres cultivées , nous distinguons comme espèce d'abord, sous le nom de *Spelta vulgatum*, la forme qui paraît être la plus répandue, celle que M. Seringe paraît avoir eue surtout en vue dans sa description , en la prenant pour type de son *Spelta vulgare*, et dont l'épi est assez gros , lâche et aristé ; en second lieu , celle que nous avons reçue du jardin botanique d'Heidelberg sous le nom de *Triticum spelta glabrum aristatum album* , et qui est pour nous *Spelta albescens*. Celle-ci offre des épillets bien plus petits et plus rapprochés que ceux de la première espèce ; elle est remarquable en outre par ses graines plus petites et aussi plus étroites , manifestement plus pointues aux deux extrémités, à épiderme bien plus lisse et d'une couleur un peu jaunâtre. La troisième espèce qui est le *Triticum spelta aristatum velutinum cœrulescens* du jardin botanique d'Heidelberg , et pour nous *Spelta cœrulescens* , s'éloigne des deux précédentes par tout son aspect extérieur ; ses feuilles beaucoup plus larges et glaucescentes le séparent du *S. albescens* ; ses graines plus petites encore que dans celle-ci ont le sillon de la face interne plus profond; les bords du sillon sont moins aigus que dans le *S. vulgatum*. La quatrième espèce, nommée par nous *Spelta inerme,* est le *Triticum spelta muticum glabrum album* du jardin botanique d'Heidelberg. C'est une plante plus basse que les précédentes , à feuilles plus étroites et d'un beau vert , à épis plus petits ; elle est constamment sans arêtes, et ses graines d'une couleur un peu jaunâtre, comme celles du *Spelta albescens,* sont plus petites et de forme plus raccourcie que dans cette espèce. Il y a une cinquième forme à épi roussâtre et mutique, qui est le *Triticum spelta muticum rufescens* du jardin botanique d'Heidelberg , et qui probablement devra constituer une espèce distincte. Nous n'avons pas encore eu le loisir de l'observer assez pour pouvoir le juger définitivement.

Le *Spelta amyleum* de M. Seringe représente un groupe très-distinct du groupe précédent par la forme des épis qui sont

nettement opposés-comprimés , les faces les plus larges de l'épi
correspondant au côté aigu du rachis ; tandis que le contraire a
lieu dans les espèces du premier groupe, chez lesquelles les faces
les plus larges de l'épi se trouvent dans le même plan que le
côté plane du rachis. Nous avons observé deux espèces parfaitement caractérisées de ce petit groupe : l'une qui est la plante
même décrite par M. Seringe sous le nom de *S. amyleum*;
l'autre, qui est le *Triticum atratum* de Host, le *Triticum dicoccon
compactum velutinum* du jardin botanique d'Heidelberg, et pour
nous *Spelta atratum*. Celle-ci est très-reconnaissable à son feuillage d'un vert très-pâle, à la couleur singulière de son épi qui
est presque d'un noir bleuâtre, et qui est en même temps bien
plus large et plus court que dans le *S. amyleum*; enfin, à la
forme très-nettement caractérisée de ses graines qui sont bien plus
petites et plus étroites, étant de plus comprimées latéralement
d'une manière fort remarquable.

Nous n'irons pas plus loin dans cette digression dont l'objet
est de montrer à ceux qui voudraient étudier les Blés, non pas
avec un parti pris de se débarrasser des espèces, mais avec un
désir sincère de les connaître , quel champ vaste et presque
inexploré est offert à leur ardeur. Nous avons voulu en même
temps faire voir à ceux qui croiraient que la science, sur ce point,
a dit son dernier mot, et que les jugements de nos auteurs sont
irréformables, de quelle illusion ils se nourrissent, puisqu'il est
certain qu'une analyse imparfaite a présidé à tous ces jugements et qu'ainsi ils doivent être réformés tôt ou tard sur la
base d'une meilleure analyse.

En exposant, comme nous l'avons fait , les caractères des
Ægilops triticoides et *speltæformis*, nous avons accompli notre
tâche et résolu la difficulté proposée ; car exposer les faits par
une exacte analyse, dans une question de fait, c'est la résoudre.
L'*Ægilops triticoides* est une plante dans un état anormal, que
l'on ne peut reproduire et multiplier de ses graines ; ce n'est donc
pas, ce ne peut pas être une espèce particulière, ce n'est qu'une
modification ou déformation dont la cause probable sera, si l'on
veut, l'hybridité. L'*Ægilops speltæformis*, tout au contraire,

se présente comme une forme végétale dans un état régulier et normal, se reproduisant intacte de ses graines, et offrant dans ses divers organes des caractères très-saillants, qui ne permettent de la confondre avec aucune autre. C'est donc une espèce, et plus encore, pour ainsi dire ; ce sera ce qu'on nomme dans le langage botanique une très-bonne espèce, c'est-à-dire une de celles dont les caractères se distinguent le plus aisément et paraissent tranchés, quand on les compare à ceux qui séparent leurs congénères les plus rapprochées dans la série naturelle. Voilà les faits ainsi que leurs conséquences directes.

Mais, si l'analyse nous fournit des preuves incontestables de la valeur comme espèce de l'*Ægilops speltæformis*, elle ne nous apprend rien sur son origine, sur le fait matériel de son apparition dans nos cultures. Nous n'avons pas recueilli nous-même la plante sauvage ; nous la tenons de M. Fabre, et nous sommes réduit sur ce point aux attestations qu'il nous donne et qui sont appuyées par les assertions de M. Godron. Selon ces messieurs, la plante en question est issue de l'*Ægilops triticoides* ; ce dernier lui-même étant issu de l'*Ægilops ovata*, il en résulte par une conséquence nécessaire qu'elle doit son origine à l'*Ægilops ovata*. M. Fabre nous donne le fait simplement comme une bizarrerie de la nature, comme un exemple d'une transformation des *Ægilops* en Froment, sans chercher à s'en rendre compte autrement. M. Godron l'explique à sa manière. D'après lui, il n'y a pas eu de transmutation d'une espèce dans une autre; c'est un *Triticum vulgare* qui a fécondé l'*Ægilops ovata* ; de ce mariage est issu d'abord l'*Ægilops triticoides*, produit hybride, qui a donné ensuite, comme produit perfectionné par la culture, l'*Ægilops speltæformis*, lequel n'est pas différent du *Triticum vulgare*.

Mais, s'il est vrai, comme nous croyons l'avoir démontré, que cet *Ægilops speltæformis* a tous les attributs d'une bonne et véritable espèce, s'il est incontestable, ce que tout le monde pourra vérifier bientôt, qu'il est beaucoup plus différent dans ses divers organes de l'*Ægilops ovata* que ce dernier ne l'est de l'*Ægilops triaristata*; s'il est également certain qu'il diffère plus, soit dans le détail, soit dans l'ensemble des caractères, du *Triticum vulgare* que ce dernier ne diffère des *T. turgidum* et *durum ;* s'il est une espèce à meilleur titre que ces deux *Triticum* dont la validité sous ce rapport n'est ni contestée ni contestable, il résulte de là très-clairement qu'il y a eu, d'une manière ou d'une autre, dans l'expérience dont il s'agit, transformation d'espèces, production d'une espèce entièrement nouvelle, qu'une espèce en aurait spontanément procréé une autre selon l'indication de M. Fabre, ou que de l'union de deux espèces il en serait résulté une troisième, en admettant l'hypothèse d'hybridité de M. Godron. Nous disons, nous : cette conséquence du fait supposé, qui est rigoureuse, est une impossibilité ; car la transmutation des espèces, comme nous l'avons déjà démontré ailleurs et comme nous le démontrerons encore plus loin, implique, pour celui qui réfléchit, une contradiction manifeste. Or, ce qui est contradictoire est absurde, impossible, d'une impossibilité absolue. La conséquence du fait supposé étant impossible, le fait se trouve donc démontré faux. On peut très-bien s'en tenir là et le rejeter sans autre examen ; mais il n'est pas moins utile de chercher à s'en rendre compte et d'expliquer comment l'erreur a pu être commise.

Il est une explication très-simple qui se présente tout naturellement à l'esprit. On sait que pour obtenir par semis des individus d'une certaine espèce, il faut semer des graines de cette espèce même et non pas celles d'une autre, c'est là un fait d'expérience pratique et vulgaire. Si donc M. Fabre, dans le semis qu'il a fait, il y a quinze ans, a obtenu une plante autre que celle qu'il a cru avoir semée, c'est indubitablement parce qu'il s'est trompé, en prenant les graines d'une espèce pour celles d'une autre. Précisant davantage les faits, nous étions arrivé à dire dans notre premier article : M. Fabre a pris des graines de l'*Ægilops triticoides*, croyant prendre celles de l'*Ægilops ovata;* l'*Ægilops triticoides* de Requien est une bonne espèce ; c'est la plante même que M. Fabre cultive depuis douze ans et dont il distribue la graine. Il y avait de l'inexactitude dans cette appréciation que nous devons rectifier aujourd'hui en disant : il est bien vrai que

la plante cultivée par M. Fabre est une bonne et excellente
espèce, mais elle n'est pas l'*Ægilops triticoides* de Requien ;
c'est avec ce dernier, qui n'est qu'un *Ægilops ovata* modifié et
monstrueux, que M. Fabre a dû la confondre : il a pris et semé
de la graine d'*Ægilops speltæformis,* croyant récolter et semer
celle de l'*Ægilops triticoides.* Ces deux plantes ont été confondues postérieurement par M. Godron et par nous ; cette erreur
était ainsi facile à commettre ; il n'en est donc que plus vraisemblable que M. Fabre a fait la confusion dont nous parlons,
et qu'il faut bien admettre, puisqu'elle seule peut nous rendre
compte des faits.

Nous ne connaissons point le lieu où M. Fabre dit avoir pris
ses graines ; nous ne savons pas si l'*Ægilops speltæformis* s'y
trouve encore, ou s'il n'a été trouvé dans ce lieu qu'accidentellement ; nous manquons de données positives à cet égard. Mais,
jusqu'à ce que de nouvelles recherches soit aux environs d'Agde,
soit dans les contrées de l'Orient, d'où nous supposons que,
provient cette espèce, nous fassent connaître sa vraie patrie, nous
nous en tiendrons à ce fait bien constaté que cette plante a tous
les attributs d'une véritable espèce ; et nous en conclurons que
comme toute autre espèce, elle doit avoir une patrie quelque
part, et tirer son origine d'un lieu où elle est spontanée ou bien
cultivée ; toutes les analogies naturelles et toutes les vraisem-
blances nous amènent à cette conclusion.

Celui qui croit à la variabilité illimitée des types spécifiques,
admet sans peine, dans l'examen d'un fait obscur, l'explication
de ce fait qui implique une transmutation d'espèce ; car ce qui
est à nos yeux simplement impossible, lui paraît au contraire,
très-vraisemblable, et il se contente de demi-preuves, ou de moins
encore, pour donner son entière adhésion. M. Godron repousse
comme nous l'hypothèse d'une transmutation d'espèce ; et de cela
nous le louons beaucoup, quoique ce soit peut être moins la
rigueur des principes, qu'une répugnance instinctive, qu'un certain sens pratique très-droit, qui lui fasse rejeter bien loin ce
rêve de quelques esprits de nos jours ; mais il ne se sauve d'une
conséquence qui révolte à bon droit sa raison, qu'au moyen

d'une erreur de fait, que notre analyse a eu pour objet principal de mettre en évidence ; il se soustrait à la nécessité d'admettre une transformation d'espèce, en identifiant l'*Ægilops speltœ-formis* avec le *Triticum vulgare*. Mais si l'identification de ces deux plantes ou simplement leur réunion en une seule et même espèce est complètement inadmissible, et ne supporte pas le plus léger examen ; si, comme nous croyons l'avoir prouvé, elle est une erreur manifeste pour quiconque veut prendre la peine de comparer les deux plantes et de les examiner sans prévention, il est clair qu'il ne reste plus que l'alternative d'admettre l'hypo-thèse d'une transformation dont M. Godron ne veut pas plus que nous, ou d'expliquer le fait, ainsi que nous le faisons nous-même, par une simple erreur de détermination, d'autant plus vraisemblable qu'elle était plus facile à commettre.

En corroborant de son adhésion le fait qui nous occupe, et en lui donnant par là un retentissement nouveau, M. Godron est venu, sans s'en douter, fournir des arguments à l'opinion qu'il cherche à combattre comme nous, et contre laquelle il a cru pouvoir tirer de ses expériences des conclusions très-formelles. Si l'*Ægilops speltœformis*, qui est une bonne et véritable espèce, doit, comme il le suppose, son existence à une fécondation hybride, il en résulte que l'hybridité peut produire des espèces équivalentes à nos espèces actuelles. Dès lors, on peut croire que plusieurs de celles-ci sont dues à la même cause, et il devient impossible d'affirmer d'une espèce quelconque qu'elle ne soit pas le produit d'une transformation opérée d'une manière analo-gue ou de toute autre manière, dans des circonstances qui ne peuvent être appréciées. Ainsi, ceux qui sont portés à ne voir dans les divers êtres que des manifestations variées, suivant les lieux et les circonstances, d'une substance au fond toujours une et identique, les négateurs de l'espèce, en un mot, auraient, par le fait, gain de cause, aussi bien que les sceptiques qui ne prennent aucun parti sur ces questions : ils pourraient citer à l'appui de leur théorie un fait bien concluant, avantage qu'ils n'avaient pas eu jusqu'à présent. M. Godron leur aurait fourni des armes contre lui, contre la vérité qu'il croit défendre.

D'un autre côté, s'il était véritable, comme M. Godron paraît le croire, que M. Fabre a semé la graine de la déformation *triticoides* de l'*Ægilops ovata* et que c'est bien cette graine qui a produit l'*Ægilops speltæformis*, comment cela n'aurait-il eu lieu qu'une fois, il y a quinze ans? Comment ni M. Fabre, ni M. Godron n'auraient-ils vu se renouveler ce prétendu fait, en semant de nouveau, comme ils disent l'avoir fait, la graine de cette déformation *triticoides?*

M. Godron nous dit avoir fait des expériences et fécondé artificiellement de l'*Ægilops ovata* par diverses sortes de Blés; il nous assure en avoir obtenu des modifications individuelles qui, à l'en croire, seraient identiques ou analogues à l'*Ægilops triticoides* de Requien. A notre tour, nous lui dirons : qu'est-ce que cela prouve? Car il nous paraît être ici non pas dans la question, mais tout-à-fait à côté de la question, qu'il ne fait qu'effleurer à peine. Sans doute il peut être intéressant de savoir, si l'*Ægilops triticoides* de Requien est une bonne espèce ou non, de rechercher s'il y a des hybrides parmi les Graminées, et si l'*Ægilops triticoides* est une plante hybride ou non; mais ce n'est pas du tout là le point en litige : la plante de Requien n'est en cause qu'indirectement. Il s'agit de la plante que M. Fabre a fait connaître, après l'avoir cultivée pendant douze ans, que l'on reproduit partout aujourd'hui, qui a figuré à l'exposition universelle où tout le monde a pu la voir, qui a pris rang enfin parmi les espèces susceptibles d'être cultivées pour l'alimentation; il s'agit de savoir s'il est vrai que cette plante soit issue de l'*Ægilops ovata*, comme on le suppose; s'il est vrai qu'elle appartient à l'espèce du *Triticum vulgare*, ou si elle a, au contraire, des caractères propres, qui permettent de la distinguer de toutes les autres espèces. Voilà la vraie question. M. Godron a-t-il obtenu, par le moyen de ses fécondations artificielles, quelque individu de l'*Ægilops speltæformis*? Pas un seul, bien certainement, ni rien même qui soit analogue; il ne nous apprend donc rien par ses expériences sur l'origine de cette plante, absolument rien. Qu'il nous enseigne le moyen de fabriquer par l'hybridation ou par un procédé quelconque, soit de l'*Ægilops speltæ-*

formis, soit de quelque chose tout-à-fait analogue, offrant des caractères spécifiques d'une égale valeur, pouvant être multiplié de graines indéfiniment; et alors, seulement alors, il pourra parler d'un résultat obtenu et en signaler l'importance avec raison. Mais jusqu'ici personne n'a obtenu de résultat semblable; et c'est peu risquer que de le mettre au défi de le réaliser par l'hybridation ou tout autre mode d'expérimentation.

M. Vilmorin a fécondé cette année même des centaines d'*Ægilops ovata* par des Blés de toute sorte. Cet habile horticulteur saura bientôt nous dire s'il a trouvé le secret de produire de l'*Ægilops speltæformis* : jusque-là nous croirons qu'on peut bien obtenir par des tentatives de ce genre quelques modifications individuelles plus ou moins intéressantes, mais jamais rien qui ait l'apparence d'une espèce. Nous terminerons par cette conclusion :

Le fait signalé par M. Fabre, qui consiste à présenter l'*Ægilops speltæformis* comme un produit de l'*Ægilops ovata*, doit être regardé comme faux : 1° parce qu'il est invraisemblable au suprême degré, étant, d'une part, contraire à tous les faits d'expérience constatés jusqu'ici dans des cas analogues; de l'autre, en contradiction avec les axiomes théoriques de la raison, qui sont marqués du caractère des idées nécessaires, et s'imposent à l'esprit avec une irrésistible évidence; 2° parce qu'il manque d'une attestation suffisante, et s'explique aisément par une erreur qui était facile à commettre.

L'explication de ce fait supposé donnée par M. Godron qui attribue l'*Ægilops speltæformis* à l'hybridité, et fait intervenir dans sa production le *Triticum vulgare* comme agent fécondateur, n'est pas moins fausse : 1° parce qu'elle repose tout entière sur la confusion de deux espèces qui sont complètement distinctes l'une de l'autre; 2° parce que, si elle était véritable, on verrait le fait indiqué se reproduire dans des circonstances semblables à celles qui, dans cette hypothèse, en seraient la cause; ce qui n'a jamais eu lieu.

II.

Ces divergences d'opinion sur des points de fait, du genre de celles que nous venons de constater ici, ont-elles uniquement leur cause dans l'inégalité d'aptitude ou d'attention chez ceux qui se livrent à l'examen des faits? nous ne le pensons pas. On peut très-bien admettre sans doute que l'inattention et l'inhabileté sont les causes immédiates et prochaines des erreurs auxquelles l'observation peut donner lieu; mais il est d'autres causes de ces erreurs, qui, pour être plus éloignées, n'en sont pas moins réelles et profondes; ce sont surtout celles qui tiennent aux doctrines. Selon nous, les doctrines ou idées théoriques, à l'impulsion desquelles obéit l'observateur dans ses travaux, sont presque toujours, en un sens, génératrices de l'erreur comme de la vérité qui s'y trouve. Dans les sciences qui ont pour objet l'étude des faits matériels, telles que les sciences physiques et naturelles, l'importance des doctrines ne saurait être contestée; car, non seulement ce sont elles qui motivent les expériences et les dirigent, mais leur influence s'exerce encore sur l'esprit de l'observateur, à son insu et souvent aux dépens du but final de ses recherches, qui doit toujours être la connaissance de la vérité dans un certain ordre de faits. Sans doute le vrai savant ne devrait interroger l'expérience qu'avec une entière liberté d'esprit, suspendant toujours son jugement jusqu'au plus ample informé des faits; mais cela se voit rarement dans la pratique. Le plus souvent on n'observe que dans une mesure trop restreinte, sans dépasser jamais ce point précis, qui marque ce qui est indispensablement exigé pour établir ou confirmer la théorie que l'on préfère; on s'atténue la portée des faits contraires à cette théorie, ou l'on s'exagère les conséquences de ceux qui la favorisent. Aussi l'on peut dire, en général, que celui dont l'esprit est sous l'empire d'une idée fausse, aboutit presque infailliblement à l'erreur, lorsqu'il entre dans la voie de l'expérience. Les questions de doctrines, de principes, dominent donc tout dans la science; sa marche, ses progrès leur sont essentiellement subordonnés.

3

Nous sommes ainsi amenés naturellement de l'examen des faits et des expériences qui ont fait l'objet de la discussion précédente, à celui des doctrines qui s'y rattachent et ont eu, à notre avis, beaucoup d'influence sur les jugements divers que nous avons combattus.

La méthode d'analyse, la seule instructive et féconde, quand il s'agit d'arriver à la connaissance des faits et de tous les détails des faits, étant appliquée de nos jours avec beaucoup de rigueur par divers observateurs à l'étude des végétaux de nos pays, a eu pour résultat d'accroître singulièrement le nombre de ceux qu'on avait d'abord distingués. Des différences qu'on n'avait pas encore remarquées, ayant été reconnues et signalées, une foule de distinctions et de noms sont devenus nécessaires, là où une analyse imparfaite n'avait encore fait soupçonner rien de pareil. Comme le résultat final de ces travaux était nécessairement de rendre immense et presque démesurée la tâche du botaniste qui voudrait, non pas embrasser la science dans son entier, mais simplement arriver à une connaissance exacte et approfondie des végétaux d'une seule contrée, beaucoup d'hommes ont protesté contre cette extension donnée aux études analytiques, qui changeait pour eux les conditions de la science, et leur présentait la seule initiation à ses progrès comme un travail bien au-dessus de leurs forces ou de leur activité. Ne pouvant proscrire l'analyse scientifique, ils ont fait tous leurs efforts pour en annuler les résultats, essayant souvent d'en appeler en apparence à l'analyse elle-même de ce qui n'était pour eux que les abus de l'analyse. Mais dans la crainte de compromettre leur but, qui était avant tout de se débarrasser d'une vérité gênante, ils n'ont nullement cherché à vérifier les faits signalés à l'attention des hommes de la science, ni à contrôler les expériences indiquées; il leur a paru plus habile de leur opposer simplement une fin de non recevoir. Un certain nombre de faits plus ou moins obscurs et d'une interprétation douteuse, des analogies spécieuses mais sans valeur réelle, l'ancienneté et le crédit de certaines opinions presque généralement admises, voilà ce qui a servi de base à une théorie que l'on s'est efforcé de mettre en vogue, qui consiste dans l'admission exclusive parmi les végétaux de types spécifiques tranchés, et dans l'hypothèse de la variabilité de ces mêmes types.

Selon les partisans de cette théorie, les vrais types doivent pouvoir être reconnus et distingués entre eux sans aucune difficulté, même sans étude, ni effort d'attention de la part de celui qui les observe; toutes les formes végétales qui ne se distinguent pas aussi facilement, qui demandent pour être appréciées avec certitude une analyse savante ou la comparaison sur le vif de tous leurs organes, ne sont que des variétés et ne doivent jamais être élevées au rang d'espèce. S'il est prouvé qu'elles se reproduisent invariablement par le semis de leurs graines, c'est indubitablement que le type spécifique a été altéré en elles par les circonstances locales, par l'influence des stations ou toute autre cause. Ne sait-on pas, disent-ils, que les espèces végétales sont étonnamment sujettes à varier, et n'en voit-on pas dans les cultures, un grand nombre qui varient au point de devenir presque méconnaissables? Parmi les variétés des cultures, n'y en a-t-il pas qui sont constantes, que l'on reproduit de leurs graines, telles que celles des Blés, par exemple, et qui constituent ainsi de vraies races permanentes? Et une excellente preuve qu'elles sont effectivement telles qu'on les suppose, que ce sont bien des races, c'est que c'est là une opinion généralement admise! Pourquoi n'y aurait-il pas, parmi les plantes sauvages, des variétés analogues à ces races? Il est donc tout-à-fait permis et même très-convenable de négliger toutes ces variétés, comme d'une importance secondaire, pour ne s'attacher qu'aux vrais types, qui doivent toujours être parfaitement clairs et tranchés. On pourra, tout au plus, se borner à faire l'énumération succincte des variétés, en les indiquant par le moyen des lettres de l'alphabet, ou par une dénomination quelconque, qui serait accompagnée quelquefois d'un petit signalement; tout cela pour l'agrément de ceux qui auraient la fantaisie ou le scrupule de les connaître.

Ce qu'il y a de fâcheux pour les partisans de cette belle théorie, c'est que très-souvent les botanistes praticiens qui s'adonnent à la recherche sur le terrain des types et de leurs variétés, n'ont affaire qu'aux variétés, et ne retrouvent les types supposés nulle part ; ou que si, connaissant ce qu'on appelle le type et la variété dans une même espèce , ils viennent à se demander pourquoi ce ne serait pas plutôt la forme appelée variété qu'on devrait prendre pour type , et celle appelée type qu'on devrait prendre pour variété, ils finissent par reconnaître que c'est là une affaire de pur caprice ou de hasard. Le type, c'est ordinairement la forme qui a été remarquée la première ; la variété a été signalée plus tard. Si le contraire avait eu lieu, la variété d'aujourd'hui serait prise pour type, et le type actuel ne serait plus qu'une variété. Ailleurs ils feront la remarque que telle ou telle variété marque si exactement le passage d'un type à un autre, qu'il n'y a véritablement aucune raison décisive, ni même probable , pour la rapporter à l'un des types plutôt qu'à l'autre ; d'où il résulte que des types, qui ont paru d'abord tout-à-fait tranchés, n'offrant plus de limite appréciable , du moment que l'on connaît leurs variétés , ne peuvent plus être séparés comme des types distincts, mais doivent être réunis, au contraire, en un seul , d'après le critère adopté. Il y a tel genre et même telle famille où, de réunions en réunions opérées de la sorte, on arriverait bientôt à n'avoir plus logiquement qu'une seule espèce. Qui sait où l'on pourrait finalement s'arrêter, quand on serait une fois entré dans cette voie?

Les inconvénients si manifestes de cette théorie, ainsi que la difficulté de débrouiller les formes nombreuses de plusieurs genres, de rattacher chacune d'elles à son type supposé, ont frappé certains esprits parmi les partisans de la réduction des espèces. Leur attention ayant été fortement éveillée par certains faits d'hybridité constatés par divers observateurs, tels que ceux qui résultent des expériences de Kœlreuter , de Gærtner et de plusieurs autres , la pensée leur est venue que l'hybridité était appelée à nous rendre raison de tant de variétés, de tant de formes intermédiaires qui rendent l'étude de beaucoup de genres si difficile et si litigieuse. En admettant, en effet, des croisements entre les espèces voisines d'un même genre, croisements qui auraient donné lieu à des produits intermédiaires, lesquels s'unissant à leur tour avaient engendré de nouveaux produits, on arrivait ainsi à concevoir un ensemble presque inextricable de formes hybrides.

L'hybridité ayant rapproché successivement les types primitifs
de la nature par des séries complètes d'intermédiaires, résultat
de fécondations opérées souvent en sens inverse, ce serait donc,
dans cette hypothèse, à elle seule à nous guider dans ce labyrinthe
de formes, pour en reconnaître la filiation, et nous aider à retrouver leurs types, autant que la chose est possible. C'est ainsi
qu'après avoir eu d'abord l'école des variétés, nous avons vu
paraître plus tard l'école des hybrides, qui n'était qu'un dé-
membrement de la première ; l'une et l'autre école poursuivant le
vraisemblable comme un but commun, afin d'avoir un prétexte
plausible pour se dispenser des études laborieuses qu'impose à
tout esprit sincère et désintéressé la recherche de la vérité pour
elle-même.

Avec tous ceux qui croient, comme nous, que la connaissance
des espèces ne peut faire de progrès que par la méthode d'a-
nalyse appliquée dans toute sa rigueur, nous sommes hostiles à
ces deux écoles ou tendances que nous venons de signaler, et qui,
l'une et l'autre, s'inspirent d'une répulsion déguisée peut-être, mais
bien réelle au fond, pour l'analyse scientifique ; nous les croyons
toutes deux fausses et d'une application funeste pour la science.
Nous remarquons d'abord que la méthode qui, dans le but de restreindre le nombre des vraies espèces, subdivise les types spécifiques en variétés constantes, conduit logiquement et directement à
nier l'espèce ou à nier la possibilité pour nous de la reconnaître
avec certitude, puisqu'elle la subordonne à une appréciation qui
est purement arbitraire et hypothétique. Cette méthode, en second
lieu, ne nous rend compte de rien de ce qui existe ; car, s'il se
trouve, dans certains cas, quelques variétés qu'elle peut avec plus
ou moins de vraisemblance attribuer à l'influence des stations,
il en est une foule d'autres dont l'existence ne peut être expli-
quée de la même manière, leurs stations étant les mêmes. Comme
celles-ci sont souvent égales ou supérieures en importance aux
prétendues variétés stationnelles, l'explication donnée pour ces
dernières tombe par le seul fait de cette analogie, et cesse d'être
valable en aucune façon. A notre avis, il n'existe pas parmi les végétaux de variété constante qui ne soit une espèce, un type ;

l'espèce n'étant autre chose pour|nous qu'une forme permanente, se reproduisant de ses graines.

Les partisans des hybrides ont, eux, la prétention de tout expliquer, de faire disparaître même les difficultés de certains genres qui ont paru faire le désespoir de plusieurs botanistes. Mais, pour justifier cette prétention, il leur faut, dans l'appréciation des faits, les méconnaître ou les dénaturer complètement, en substituant à l'analyse des suppositions puisées dans leur imagination, en prenant pour vrai et démontré ce qui ne serait pas même vraisemblable pour tout autre qu'un esprit prévenu, ainsi que la discussion précédente nous en a offert un exemple, lorsque nous avons vu M. Godron soutenir comme un fait positif, que le *Triticum vulgare*, après avoir fécondé une autre espèce, s'était vu reproduire par cette espèce sous une forme anormale et intermédiaire, et que cette forme, après des transformations successives, avait fait retour au type du *Triticum vulgare*. Un partisan déterminé des hybrides obtiendra donc, par une fécondation artificielle, comme l'a fait M. Godron, un individu hybride; il confondra ensuite identiquement cette hybride avec une forme spontanée réputée espèce par d'autres, et de cette manière il sera censé avoir démontré l'origine hybride d'une espèce qu'il ne veut pas admettre. Dans les genres à formes très-nombreuses, où les différences se voient moins facilement que les ressemblances, il sera très-aisé de démontrer par le même procédé, ou simplement par des analogies qu'on peut toujours supposer, l'origine hybride de toutes les espèces que l'on voudra, sans perdre aucunement pour cela la chance d'être lu et approuvé par beaucoup de personnes qui ne demandent pas mieux qu'on leur réduise les espèces le plus possible, pourvu que ces réductions soient toujours appuyées sur quelques ressemblances, à défaut de preuves.

Comme les hybrides spontanées ou artificielles observées jusqu'ici, offrent toutes un aspect ainsi que des caractères qui sont intermédiaires à ceux de leurs ascendants, et que pareillement les formes très-nombreuses qui composent certains genres paraissent intermédiaires les unes aux autres, nos hybridomanes, d'après ce seul fait, se persuadent qu'en étudiant ces formes, ils n'ont affaire qu'à des hybrides ; ils croient que la plupart de ces groupes ou genres se composent d'un très-petit nombre d'espèces, entre lesquelles s'effectuent des croisements divers, de manière à produire des séries d'intermédiaires qui se combinent à leur tour par de nouveaux croisements, et dont quelques-uns se perpétuent par leurs graines, en conservant cependant une tendance plus ou moins marquée à se rapprocher de leurs types respectifs, ou à revenir même à ces types, après un certain nombre de générations. Telle est, pour eux, l'expression même de la vérité des choses, que la seule intuition leur révèle ; et c'est, à les en croire, un pareil chaos de formes dans certains genres, qui correspondrait à la belle ordonnance que l'étude de la nature nous fait admirer partout ailleurs.

Certainement nous ne sommes pas de ceux qui nient absolument les hybrides, et ne veulent en reconnaître nulle part ; il nous semble qu'après les expériences si concluantes de Kœlreuter, Gærtner, Gallesio et autres observateurs, il n'est pas possible de conserver le moindre doute au sujet de certains faits d'hybridité, qui ont un caractère purement individuel et accidentel. Mais il y a loin de cette opinion, qui paraît être celle de beaucoup d'hommes éclairés dans la science, à l'engouement immodéré et irréfléchi pour les hybrides, qui paraît devenu à la mode depuis quelque temps, et que certainement rien ne justifie. Sans doute, toutes ces imaginations, tous ces rêves d'hybrides, ne peuvent manquer de tomber devant le simple examen des faits, et l'analyse scientifique est appelée à les faire disparaître tôt ou tard ; mais il n'en est pas moins vrai qu'ils ont de très-fâcheuses conséquences, et ne servent qu'à égarer dans une voie fausse, en les détournant de l'observation méthodique, beaucoup d'hommes inexpérimentés, mais studieux, qui seraient capables de rendre à la science d'importants services, si leur zèle était mieux dirigé.

Il semble que l'engouement pour les hybrides dont nous parlons a commencé surtout à se manifester depuis que le célèbre Koch, sur la fin de sa carrière, s'est montré disposé à entrer dans cette voie , et qu'on l'a vu , par une complaisance regrettable et sans aucun indice de vérification de sa part, donner accueil à la fin de sa deuxième édition de son *Synopsis floræ germ. et helvet.* , au travail de Nægeli sur les *Cirsium* hybrides , qui a reçu de la sorte la sanction de son autorité. Comme l'esprit d'imitation a toujours une grande puissance , plusieurs de ceux qui étaient accoutumés à jurer sur la parole d'un tel maître, ont commencé à se passionner fortement pour les hybrides ; ils ont bientôt recruté des partisans parmi les adversaires des nouvelles espèces , qui trouvaient là un excellent moyen pour les réduire au néant , sans avoir à se mettre en peine de les distinguer comme variétés ; ce qui devenait parfois embarrassant. Lorsque , tout dernièrement , les expériences de M. Godron, au sujet de l'*Ægilops triticoides* , qui ont causé une certaine sensation , ont paru prouver que l'hybridité jouait un très-grand rôle , là même où son existence n'avait pas encore été soupçonnée , l'école des hybrides a cru au triomphe complet de ses doctrines , et l'ardeur de ses adeptes n'a plus connu de bornes. Quelques-uns ont entrepris de remanier une foule de genres , afin de transformer en hybride toute espèce qui avait l'apparence d'être intermédiaire à deux autres de ses congénères ; d'autres se sont appliqués avec plus de soin à la recherche sur le terrain non-seulement des formes intermédiaires , mais encore de toutes les bizarreries , déformations ou monstruosités individuelles , afin d'être dans le cas de leur appliquer ces dénominations , que Linné appelait si justement *sesqui pedalia et nauseabunda verba* , et d'en remplir leurs ouvrages. Enfin on s'est plu à prédire de merveilleux succès aux horticulteurs qui voudraient s'adonner à l'hybridation, pour produire de nouvelles races parmi les céréales ou les arbres fruitiers.

A propos du travail de Nægeli sur les *Cirsium* hybrides que nous venons de citer , nous pouvons dire ici que nous avons observé plusieurs des types authentiques de ces hybrides , tels que ceux des *Cirsium acauli-oleraceum , bulboso-oleraceum , oleraceo-bulbosum , palustri-oleraceum* , etc. , qui nous avaient été envoyés par le regrettable Bischoff , directeur du jardin botanique d'Heidelberg, et que, les ayant élevés de graines, nous n'avons rien trouvé en eux d'hybride que leur nom, d'où il nous est resté la persuasion très-fondée que dans le travail de cet auteur, ainsi que dans beaucoup d'autres inspirés de la même idée, il n'y avait guère que des suppositions basées sur de fausses analogies ou sur des comparaisons d'espèces très-mal faites, et par suite absence complète de preuves solides, de telle sorte que, à part quelques rares hybrides dignes de ce nom, on n'y voyait figurer généralement que des formes mal étudiées, constituant tantôt de nouvelles espèces, tantôt des modifications sans importance d'espèces déjà connues, et ne méritant, en aucune façon, la qualification d'hybrides qui leur était donnée.

Vingt années consacrées par nous presque exclusivement à la recherche de toutes les formes obscures ou ambiguës, de toutes les modifications notables des végétaux de nos contrées, ainsi qu'à l'étude assidue et à la culture sur une grande échelle de toutes celles qu'il nous a été possible de nous procurer, nous ont laissé la conviction intime et profonde que le rôle joué par l'hybridité chez les végétaux à l'état sauvage, dans les genres même dont les espèces sont le plus nombreuses et croissent pêle-mêle, était sinon absolument nul, au moins tellement insignifiant qu'il est à peu près inutile d'en tenir compte, quand on veut arriver à établir la distinction, la délimitation exacte de toutes ces espèces. Nous avons pu nous assurer que toutes les difficultés que présente l'étude des espèces de certains genres, proviennent uniquement et exclusivement de l'extrême affinité des formes spécifiques, et de la nécessité où l'on se trouve, quand on veut les connaître, de les observer à l'état de vie et dans un même lieu, non par individus isolés, mais par masse d'individus, non pas dans un seul état et à une seule époque de leur développement, mais à tous les âges et dans les diverses phases de leur existence; toutes conditions difficiles à réunir, qui ne sont pas à la portée de tout le monde, et exigent surtout une dépense de temps énorme, ainsi qu'une aptitude ou vocation toute spéciale de la part de l'observateur.

Parmi un grand nombre de genres, qui ont donné lieu, de

notre part, à des recherches de cette nature, nous pouvons citer
le genre *Hieracium*, dont nous avons étudié les espèces avec un
soin tout particulier, ayant l'intention d'en écrire l'histoire. Nous
ne craignons pas, appuyé sur notre propre expérience, sur les
preuves les plus claires et les plus convaincantes, de donner un
démenti aux assertions de certains partisans modernes des hybrides, qui ont prétendu, contrairement à l'avis de tous les anciens
botanistes, que ce genre renfermait beaucoup d'hybrides, et que
l'hybridité donnerait l'explication des nombreuses formes, si em-
brouillées et si peu connues jusqu'ici, qui lui appartiennent. Nous
avons pu constater l'existence d'un nombre très-considérable d'espèces ou formes permanentes d'*Hieracium*, que nous avons ré-
coltées en majeure partie nous-même dans leur lieu natal, que
nous avons ensuite rassemblées vivantes dans un espace de terrain d'une médiocre étendue, en les rapprochant autant que
possible les unes des autres, selon le degré d'affinité, pour les
placer ainsi dans les conditions les plus favorables à leur mu-
tuelle hybridation, recueillant ensuite une partie des graines des
individus rapprochés de la sorte, afin d'opérer chaque année
leur multiplication par de nouveaux semis, les laissant en même temps se multiplier d'eux-mêmes par le semis naturel de leurs
graines.

Nous avons vu un certain nombre d'espèces d'*Hieracium* se
naturaliser dans nos cultures et dans les lieux environnants, ainsi
que dans les cultures d'autres personnes qui avaient essayé d'y
réunir, à notre exemple, plusieurs des mêmes espèces. Quoique
ces formes ou espèces se comptent par centaines, et qu'elles soient
unies par une telle affinité de caractères, que la plupart des auteurs les avaient comprises jusqu'ici, au moins implicitement,
sous trois ou quatre dénominations spécifiques, telles que celles
d'*Hieracium murorum*, *sylvaticum*, *sabaudum* ; quoique nous
ayons donné à nos semis, pendant ces dernières années, une
extension extraordinaire, élevant de graines jusqu'à douze cents
Hieracium par année, tous différents d'espèce ou de localité, et
chaque numéro de semis étant représenté par vingt ou trente,
quelquefois par cent individus, cependant, dans une pareille

multitude d'être divers , nous n'avons jamais rencontré , nous ne dirons pas plusieurs hybrides, mais une seule hybride ; nous avons toujours reproduit identiquement l'immense majorité des formes , toutes celles notamment qui appartenaient aux anciens types que nous venons de citer ; le seul *Hieracium umbellatum*, ainsi que les formes qui s'en rapprochent , nous ayant offert parfois des modifications légères , mais sans stabilité aucune.

Lorsque nous avons tous les jours des faits semblables sous les yeux, faits que plusieurs botanistes qui sont venus les voir et les vérifier peuvent attester comme nous, lorsque nous avons réuni à cet égard des éléments de conviction surabondants , nous pouvons bien, sans présomption ni témérité aucunes , opposer les dénégations les plus formelles à ces hommes, qui , n'ayant fait aucune expérience mais procédant uniquement par intuition , viennent en s'appuyant sur de faux principes ou sur des analogies douteuses, nous parler des nombreuses hybrides que renferme ce genre *Hieracium* , et ne craignent pas d'en établir sous des désignations spéciales, comme si leur existence était effectivement démontrée ; car les faits sont toujours des faits ; ils portent avec eux une évidence incontestable qui leur est propre et qui s'accroît de leur nombre , de leur importance , de la durée des observations , du contróle qu'elles ont pu subir, de la nullité même des contradictions qu'on leur oppose.

L'étude des hybrides peut être très-utile sans doute au point de vue de la tératologie ; mais, au point de vue de la botanique descriptive , de la connaissance pratique des espèces , nous croyons que son importance est presque nulle. Les hybrides que l'on rencontre à l'état sauvage , ne sont que des faits rares , anormaux, purement individuels et accidentels ; et c'est avec raison , selon nous, que la plupart des auteurs de nos flores , jusqu'à ces derniers temps , les avaient négligés , pour s'attacher exclusivement à l'étude des formes permanentes , des vraies espèces. Lorsqu'on veut arriver à la connaissances des plantes , il convient de les examiner d'abord dans leur état de développement le plus normal , afin d'observer ce qu'il y a de plus caractéristique, de plus essentiel dans leurs différences , ainsi que dans leurs ressemblances , et de découvrir , parmi les modifications des individus , ce qui peut les ramener à l'unité ; il faut rechercher , avant tout , la règle et la loi. C'est surtout dans les genres très-nombreux en espèces, dont l'étude est difficile et encore très-peu avancée, qu'il est indispensable, si l'on veut y faire quelques progrès, d'étudier les formes dans leurs individus les plus parfaits et les mieux caractérisés. Plus tard, quand les espèces seront suffisamment connues, que les divers types auront été soigneusement distingués et convenablement élucidés, il sera intéressant, sans doute, d'étudier d'une manière particulière les modifications de ces types, de s'appliquer à la recherche des anomalies, des hybrides ; car l'on pourra trouver là un utile complément aux connaissances déjà acquises. Mais , lorsque l'attention est dirigée prématurément à l'étude des anomalies, et que l'on recherche l'exception avant de connaître la règle , la connaissance des types spécifiques, qui est le principal objet de la science, devient impossible.

Nous croyons donc que , sous ce rapport , les partisans outrés des hybrides , bien loin de porter la lumière dans l'obscurité des faits , par le mode d'investigation qu'ils préconisent , nuisent , au contraire , singulièrement à l'avancement de la botanique descriptive. Ce n'est nullement, comme ils le prétendent , la présence des hybrides qui rend litigieux certains genres de plantes. Les hybrides, il faut bien le redire sans cesse , ne sont et ne peuvent être que des faits individuels. Or, pour des observateurs sérieux, ce qui doit être un objet de litige , ce ne sont jamais des individus isolés, mais des formes représentées par des individus nombreux , que l'on a lieu de croire permanentes , sans pouvoir l'affirmer immédiatement. Il s'agit de savoir si telle ou telle forme qui s'offre aux regards de l'observateur est permanente ou non. On arrive à s'éclairer par des observations souvent répétées , et surtout en reproduisant les formes par le semis de leurs graines dans un même lieu. Tout ce qui se présente comme fait individuel, et , à plus forte raison , ce qui est évidemment privé de la faculté de se reproduire, ne peut rentrer dans la catégorie des plantes litigieuses. Nous ne nions pas qu'on ne puisse rencontrer des individus hybrides assez nombreux

pour causer de l'embarras à celui qui les observe ; mais ce sont
certainement des faits extrêmement rares , et d'ailleurs le semis
des graines de ces individus est la pierre de touche qui peut en
révéler immédiatement l'origine.

Qu'on ne nous dise pas que les hybrides se reproduisent en
conservant tous leurs caractères d'hybrides, et ne reviennent à
leur type qu'après un certain nombre de générations. Nous nous
croyons autorisé à nier le fait , d'après notre expérience personnelle, n'étant jamais parvenu à constater ce retour au type
supposé d'une forme quelconque. Il serait vraiment bien étrange,
si le fait pouvait avoir lieu, qu'après avoir élevé de graines ,
pendant une longue suite d'années, de quinze cents à deux mille
espèces , en moyenne , par année, appartenant presque toutes
à la catégorie des plantes réputées douteuses, variables, hybrides,
nous n'ayons jamais pu saisir un seul et unique exemple du retour à son type d'une forme d'abord persistante. Tout nous porte
à croire que ce doit être là un fait prodigieusement rare , s'il est
vrai qu'il existe, puisqu'il ne nous a pas été donné de le constater
une seule fois, jusqu'à présent, dans les circonstances très-favo-
rables à sa reproduction où nous avons fait nos observations. La
nature même des preuves qu'on prétend fournir de ce fait, ou
des raisons qu'on allègue pour faire croire qu'il s'opère très-fré-
quemment, étant rapprochée des données de notre propre expé-
périence, ne sert qu'à nous confirmer davantage dans l'opinion
qu'il n'existe, au contraire , nulle part. L'homme inexpérimenté,
ou celui qui ne connaît que très-superficiellement les caractères
spécifiques des plantes, croit facilement trouver un retour à un
type présumé ou une déviation de type , dans ces modifications
d'une forme qui changent un peu son faciès , et que l'on observe
chez quelques individus , souvent même chez tous les individus
de cette forme , par suite de circonstances climatériques exceptionnelles, desquelles résulte un développement quelque peu irré-
gulier des organes ; il appelle cela un changement dans la forme,
et il ne craint pas d'affirmer qu'il y a retour au type , si la
forme est moins facile à distinguer , pour lui, de l'une de ses
congénères dans cet état accidentel que dans son état antérieur.

Pour en revenir à la question de l'*Ægilops speltæformis* et à l'opinion de M. Godron sur cette question, nous croyons que ce qui a surtout contribué à l'induire en erreur, ce qui a dû nuire à son analyse, c'est son penchant à attribuer une importance exagérée à l'hybridité dans les modifications des plantes. Nous ne l'accusons pas certainement d'hybridomanie ; nous savons aussi qu'il n'admet pas exclusivement, comme beaucoup d'autres botanistes, des types tranchés parmi les végétaux ; il admet comme nous la permanence des types, en apportant, à la vérité, des tempéraments et des restrictions à ce principe, qui, selon nous, lui ôtent presque toute sa valeur ; ce qui n'empêche pas cependant qu'il ne se place par là en dehors de l'école qui prend pour point départ la variabilité des types spécifiques. Nous disons seulement qu'il croit trop au grand nombre des hybrides, et se laisse entraîner par là à prendre des suppositions pour des faits. Quel botaniste vraiment praticien pourra croire, comme il le dit, que les genres *Mentha* et *Salix* ont été élucidés, depuis que quelques auteurs y ont fait intervenir l'hybridité? Qui est-ce qui regarde les genres *Cirsium* et *Carduus* comme devenus très-clairs, depuis que les ouvrages de divers auteurs ont mentionné parmi leurs espèces une foule d'hybrides supposées, qui seraient le résultat de croisements opérés en sens inverse ? De telles assertions ne donnent-elles pas plutôt lieu de douter qu'il ait fait lui-même une étude bien approfondie de ces divers genres ?

Ne se laisse-t-il pas entraîner à prendre des hypothèses pour des faits démontrés, lorsqu'il cite, comme un fait concluant à l'appui de sa théorie d'hybridité, l'observation de M. Grenier, qui aurait vu dans une prairie du Jura une série nombreuse de formes hybrides, intermédiaires aux *Narcissus pseudo-narcissus* et *poeticus*, croissant pêle-mêle avec ces deux espèces ? Tout le monde sait, en effet, comme nous que les *Narcissus pseudo-narcissus* et *poeticus* sont deux espèces, dont la floraison a lieu à près d'un mois d'intervalle, dans un même lieu, dont par conséquent l'hybridation spontanée est peu vraisemblable, et doit être certainement quelque chose de très-difficile, sinon de tout à fait impossible. M. Grenier suppose que les formes intermédiaires qu'il a rencontrées sont des hybrides ; cette supposition nous paraît invraisemblable. Pour lui , il en juge autrement , et il se peut qu'il ait raison ; mais son opinion n'est après tout qu'une simple supposition , et l'on n'est pas en droit de nous la citer comme un fait démontré , à l'appui d'une théorie d'hybridité.

Pour dérouter celui qui observe sur le terrain des espèces voisines , il suffit qu'il rencontre une ou deux formes nouvelles pour lui , dont il ne connaît ni les caractères , ni les limites , qui lui semblent , au premier aspect , intermédiaires à celles qu'il a observées précédemment ; il croit alors trouver autant d'intermédiaires différents qu'il rencontre d'individus, parce que l'inexpérience ne lui permet de remarquer que les différences individuelles , et lui fait méconnaître le lien spécifique qui unit entre eux les individus de chaque espèce. Nous n'avons pas vérifié les faits indiqués par M. Grenier ; mais il nous paraît probable qu'il devait y avoir dans la prairie dont il parle , outre les *Narcissus pseudo-narcissus* , *poeticus* , et celui qu'il a décrit comme une espèce hybride , une quatrième plante , telle que le *Narcissus major* ou toute autre facile à confondre avec le *Narcissus pseudo-narcissus* , mais de floraison plus tardive. Au sujet de l'espèce hybride de M. Grenier , nous pouvons dire que M. le docteur Hénon, l'homme qui, de nos jours, s'est le plus occupé de l'étude des *Narcissus* , et qui les connaît le mieux , a fort bien démontré dans un très-bon mémoire que ce prétendu *Narcissus* hybride n'est nullement intermédiaire aux deux *Narcissus* que M. Grenier lui assigne pour parents , puisqu'il se distingue de tous deux par des caractères tranchés, que l'on n'observe ni chez l'un ni chez l'autre , que c'est bien une espèce et non pas une hybride , et qu'il n'a de rapports et d'affinité qu'avec le *Narcissus incomparabilis*.

M. Godron nous cite encore les observations de M. Lejolis sur les *Ulex* des environs de Cherbourg , comme une preuve à l'appui de sa théorie d'hybridité. Cependant il n'y a pas dans les remarques de M. Lejolis un seul mot qui se rattache à la manière de voir de M. Godron , ni rien qui autorise les suppositions qu'il lui plaît de faire à ce sujet , sans même les donner

pour ce qu'elles sont. M. Lejolis s'est borné à signaler une dou-
zaine de formes d'*Ulex* qui paraissent intermédiaires les unes aux
autres, et rapprochent entre eux les *Ulex europeus, Galii* et
nanus des auteurs, de telle sorte que l'on ne saurait affirmer
qu'il y a seulement trois espèces limitées et distinctes, ni qu'il
y en a un plus grand nombre, ou seulement une seule com-
prenant toutes ces diverses formes. M. Lejolis pose simplement
la question en litige, sans chercher à la résoudre en aucune manière; il dit que la culture de toutes ces formes d'*Ulex* pourra
seule fournir les moyens de se prononcer à leur égard. Nous
sommes entièrement de cet avis.

Ces divers exemples nous montrent que la prédilection pour une
théorie hasardée peut entraîner des hommes qui ont fait leurs
preuves de science et d'habileté, tantôt à méconnaître les faits
d'analyse ou les leçons de l'expérience, tantôt à faire tenir à des
suppositions, dans leurs raisonnements, la place de faits démontrés.
On peut juger, d'après cela, combien est grande la puissance d'en-
traînement qui en résulte pour la masse des observateurs, et quel
préjudice peuvent causer à la science des doctrines fausses, quand
elles ont une fois trouvé du crédit, et pris racine dans un certain
nombre d'esprits.

A l'inconvénient d'une théorie qui fait attribuer à l'hybridité
chez les végétaux une importance que, d'après les faits d'observation les plus positivement constatés, elle ne saurait avoir, il faut
ajouter l'inconvénient non moins grand de la nomenclature qu'elle
a fait adopter, et qui, étant en rapport à la fois avec cette théorie et
avec celle de la variabilité des types spécifiques, nous paraît, à ce
double titre, non moins fausse que fastidieuse. Déjà beaucoup
d'hommes éminents dans la science, le célèbre De Candolle entre
autres, se sont élevés avec force contre ces dénominations d'une
longueur démesurée, qui provoquent chez les adeptes de la science
le désenchantement et le dégoût; ils ont signalé les embarras
qu'elles peuvent causer, les difficultés qu'elles soulèvent, et en ont
montré tous les défauts. Pour nous, nous allons plus loin encore
dans notre opposition, et nous déclarons qu'à notre avis les hybrides
ne doivent, à aucun titre, être admises dans la série générale des

espèces, leur admission, sous une dénomination quelconque, tendant à dénaturer, à fausser complètement dans les esprits la notion même de l'espèce. D'après la raison, aussi bien que d'après les faits d'expérience, les hybrides ne peuvent être et ne sont, en effet, que des états anormaux et individuels des formes spécifiques auxquelles elles se rattachent ; dans certains cas, elles ne consistent que dans des modifications de peu d'importance, et dans d'autres où l'hybridité est complète, elles constituent de véritables monstruosités ; elles ne doivent donc pas figurer parmi les espèces, mais rester plutôt dans la catégorie des monstres. Déjà les formes végétales, qui ne sont susceptibles de se reproduire, avec une apparence exceptionnelle, que dans des conditions tout exceptionnelles, ne peuvent constituer que des variétés ; à plus forte raison, les vraies hybrides, qui ne sont pas même des variétés, puisqu'elles ne se reproduisent pas, ne peuvent, dans aucun cas, obtenir rang d'espèce.

La marche suivie par divers auteurs dans la nomenclature des hybrides semblerait indiquer qu'ils n'attribuent à l'espèce qu'une valeur hypothétique, et, pour tout dire, cette marche nous paraît conduire, contre leur gré peut-être, à la négation de l'espèce. Isoler une forme hybride, et la désigner comme un être à part, c'est supposer qu'elle est réellement en dehors du type spécifique dont elle est née, qu'elle ne lui appartient plus. Mais s'il est admis qu'un type spécifique peut, par l'action d'une certaine cause, en produire un qui ne soit pas lui, qui soit autre, on ne peut plus soutenir l'impossibilité qu'une espèce, par quelque cause inconnue, produise une autre espèce ; la diversité originelle des espèces devient tout à fait contestable, et elles n'ont plus de valeur que comme fait actuel et contingent. Si l'on prétend qu'il faut s'en tenir aux apparences, sans chercher à pénétrer au fond des choses, et que les apparences nous montrant dans l'hybride un être à part, distinct des autres, on doit la considérer comme si elle était telle en effet, il s'ensuit que les apparences, qui nous marquent la diversité des types spécifiques, ne prouvent nullement qu'ils n'aient pas une commune origine, et ne soient pas issus les uns des autres ; qu'ainsi la distinction des espèces consi-

4

dérées en elles-mêmes est une pure hypothèse que l'on ne saurait démontrer.

La difficulté qui résulte de l'ambiguité des apparences, et qui cause souvent beaucoup d'hésitation dans la pratique, lorsqu'on veut essayer de rapporter une forme hybride à l'un des deux types dont elle paraît dépendre plutôt qu'à l'autre, n'infirme en rien la certitude théorique que cette hybride appartient effectivement à l'un de ces deux types, lequel, pour nous, est toujours le type maternel. L'indécision de l'observateur en pareil cas provient presque toujours de son inhabileté relative, de son ignorance des caractères vraiment essentiels de chacun des deux types, dont le concours a produit la forme hybride. L'expérimentation, c'est-à-dire l'hybridation artificielle, donnera presque toujours le moyen de lever complètement la difficulté. Rien n'empêche d'ailleurs, dans la pratique, avant tout essai d'expériences, de s'en tenir avec des réserves à l'opinion qui paraît la plus probable, et de signaler l'hybride en la rapportant à l'espèce des graines de laquelle on la suppose issue, lors même qu'on n'a pas de certitude complète à cet égard.

La marche à suivre dans l'étude des faits doit toujours être réglée d'après les principes; car ce sont eux qui répandent la clarté sur les travaux de l'analyse. Ce n'est qu'autant qu'on est bien fixé sur la vraie nature des hybrides et sur celle des espèces, qu'il est possible d'arriver à une appréciation exacte de tous ces changements dans les plantes, dont l'hybridité est la cause, et sur lesquels l'observation directe ne peut nous informer souvent que d'une manière incomplète ou peu sûre.

De quelque côté qu'on pousse les investigations, au fond de toutes les discussions sur les méthodes ou sur les faits, cette grande question de la variété, de la diversité, revient toujours. Partout, en effet, il s'agit de savoir si la diversité n'est que phénoménale, ou si elle affecte les êtres dans ce qui les constitue essentiellement. Selon nous, il existe des types divers par leur nature même, et chacun de ces types est immuable, inaltérable, d'une immutabilité non pas relative à telle ou telle période géologique, mais fondamentalement absolue comme son unité. Nous croyons que les êtres complexes peuvent, tout en conservant leur immutabilité essentielle, éprouver diverses modifications, suivant les influences auxquelles leur développement est soumis ; mais que ces modifications portent uniquement sur les individus, et n'affectent jamais les espèces comme le croient les partisans de la variabilité des types spécifiques. Chez les végétaux, le signe, auquel on peut reconnaître infailliblement l'espèce, consiste pour nous dans la faculté qu'ont les divers types de se reproduire invariablement par le semis de leur graines. La raison nous dit, en effet, que des types distincts en eux-mêmes doivent offrir dans leurs propriétés, dans ce qui les met en rapport avec nous, quelque chose de divers et d'invariable en même temps. L'expérience ne fournit pas des preuves moins convaincantes de cette immutabilité des types spécifiques. Si l'on néglige les faits douteux ou obscurs pour s'en tenir aux faits universellement constatés, qui constituent la partie vraiment certaine de la science expérimentale, on n'y verra pas un seul exemple d'une transmutation d'espèce. La tradition religieuse enfin, qui sans doute est étrangère à la science, mais qui n'en doit pas moins servir de boussole à l'esprit humain pour s'orienter dans ses recherches, est on ne peut plus claire et explicite sur ce même point. Car il est dit dans la Genèse que « Dieu créa des herbes portant de la graine, chacune suivant son espèce, ainsi que des arbres fruitiers qui portent du fruit, chacun selon son espèce, et qui renferment leur semence en eux-mêmes pour se reproduire sur la terre. » Il résulte de là, 1° qu'il y a des espèces distinctes créées dès l'origine, 2° que la reproduction par semence est le signe qui doit servir à nous les faire reconnaître. Il semble de plus en résulter implicitement qu'il n'existe pas de races parmi les végétaux, parce que, dans l'hypothèse des races, le signe distinctif de l'espèce étant détruit, l'espèce serait détruite, au moins pour nous.

Telle est donc notre manière de voir, appuyée à la fois sur les axiomes théoriques de la raison, sur les faits les plus certains de l'expérience, et sur les enseignements des livres saints. Que les partisans de la variabilité des espèces ne viennent pas nous objecter que c'est restreindre la puissance créatrice, que d'admettre l'immutabilité absolue des types primitifs ; car nous leur répondrons que nous n'entendons nullement la restreindre, étant, au contraire, persuadé que Dieu peut créer des êtres en nombre infini, autres ou meilleurs que ceux qui existent. Nous croyons seulement que Dieu ne peut pas faire qu'un être, un type déterminé, devienne un autre être, un autre type déterminé, parce qu'étant alors changé dans sa substance, il serait en même temps, dans son unité, deux choses dissemblables; ce qui implique une contradiction. Aristote a dit excellemment, et saint Thomas le répète après lui, que l'addition d'une qualité substantielle dans les êtres équivaut à l'addition de l'unité dans les nombres. Dieu ne pourrait pas rendre le nombre 4, par exemple, plus grand ou plus petit, sans changer l'espèce de ce nombre. Le nombre 4 augmenté d'une unité ne serait plus le nombre 4, il serait détruit. De même, Dieu ne pourrait changer un être dans son type spécifique sans l'anéantir. Deux formes peuvent se succéder; mais chacune reste ce qu'elle est. Toute transmutation est impossible.

Quelque nombreuses et variées que soient les modifications individuelles d'une même espèce, que les apparences phénoménales nous permettent de constater, on ne peut admettre que le centre typique de l'espèce soit jamais déplacé chez aucun des individus qui lui appartiennent ; car il y a toujours chez tous unité et identité, quant à la substance. Les hommes qui sont frappés exclusivement des différences individuelles, dont l'esprit semble incapable de chercher et de découvrir la loi qui ramène ces différences à l'unité, s'efforcent de multiplier les divisions et les distinctions dans une même espèce, et finissent par attacher autant d'importance aux modifications individuelles qu'aux espèces elles-mêmes. Cette impuissance de discerner dans les faits ce qu'il y a d'essentiel d'avec ce qui est accessoire, où les jette le vice de la méthode, les amène bientôt à la négation de toute limite. Ne sachant plus distinguer ce qui est espèce de ce qui est variété accidentelle, ils ne voient plus autour d'eux que des êtres indéfiniment variables, dont le nombre tendrait à augmenter sans cesse ; ils appliquent aux espèces elles-mêmes ce que l'expérience leur apprend des variations individuelles, qui ont été l'objet exclusif de leur attention ; ce qui est vrai de l'individu leur paraît vrai également de l'espèce ; la notion même de type semble s'effacer pour eux.

Des individus appartenant à des espèces distinctes peuvent être supposés aussi rapprochés que l'on voudra, et ce rapprochement irait même en croissant jusqu'à l'infini, qu'il n'existerait pas moins toujours entre eux une limite infranchissable ; ils seraient toujours irréductibles l'un à l'autre. D'un autre côté, quelque tranchés et distincts que soient, d'après les apparences, les individus d'une même espèce, leur nature au fond est identique. La variabilité, entendue seulement dans le sens de la flexibilité d'un type, n'exclut pas son immutabilité essentielle. Comme les types les plus complexes, les plus élevés dans l'organisation, sont en même temps les plus flexibles, l'unité dans l'espèce humaine, par exemple, se comprend très-bien, contrairement à l'opinion de M. Is. Geoffroy Saint-Hilaire, sans admettre aucunement la variabilité du type de l'homme. Il suffit de reconnaître la flexibilité de ce type qui se conserve intact, dans tout ce qu'il a d'essentiel, chez les races humaines les plus dégradées, tandis que ces mêmes races restent séparées par un abîme de toute autre espèce de la série animale.

Les partisans de la variabilité des types spécifiques des végétaux appuient tous leurs raisonnements sur l'existence des intermédiaires que l'on trouve entre les diverses espèces, sans rechercher si ces intermédiaires sont eux-mêmes des espèces ou non, s'il est vrai qu'ils soient unis à leur tour par de nouveaux intermédiaires, et ceux-ci par d'autres et ainsi de suite, auquel cas il est évident qu'il n'y aurait plus pour nous d'autre limite appréciable que celle des individus, et qu'il n'y aurait conséquemment plus d'espèces. Ils ne se demandent pas si la limite, assignée d'abord aux espèces par le vulgaire ou par les savants qui ont les premiers constitué la science, est bien leur vraie limite. La connaissance que nous avons des espèces, et le jugement que nous pouvons porter sur les caractères qui les distinguent, dépendent évidemment de notre analyse. Or l'analyse des premiers observateurs, dont l'attention était sollicitée par tant d'objets divers, et qui n'avaient pas pour s'éclairer les travaux de leurs devanciers, a dû être nécessairement très-imparfaite. Il convient donc que toutes les anciennes délimitations d'espèces ne soient adoptées qu'avec des réserves, ou ne soient plus considérées comme valables que provisoirement, jusqu'à ce qu'une nouvelle et plus parfaite analyse ait permis d'en opérer la révision complète.

Mais les hommes qui ne veulent pas d'une analyse trop rigoureuse et trop savante, à cause de ses difficultés ou de ses lenteurs, préfèrent s'en tenir aux vieilles appréciations sur les espèces, et se plaisent à imaginer des théories d'hybridité, de stabilité ébranlée, de tendance à la mutation, etc., afin de justifier l'opposition qu'ils font au progrès naturel de l'étude analytique des plantes, et l'éloignement qu'ils ressentent eux-mêmes pour cette étude. Ce qui contribue à les tromper sur la valeur de leurs théories, c'est le penchant qu'ils ont généralement à prendre pour un indice de confusion ou de variabilité dans les plantes, ce qui marque simplement la difficulté inhérente aux choses, laquelle devient manifeste, lorsqu'elles sont de notre part l'objet d'une étude sérieuse. Au début de l'observation, on a dû naturellement s'attacher à distinguer et à séparer sous des dénominations diverses ce qu'il y avait de plus clair, de plus facile à reconnaître. Les genres surtout, à espèces nombreuses et d'une étude très-difficile, ont dû être négligés, et toutes leurs espèces pour la plupart confondues; il ne s'en suit pas pour cela que ces genres soient plus variables que les autres, que les types de leurs nombreuses espèces ne soient pas parfaitement limités et distincts; mais on les croit variables, uniquement parce qu'ils ont été très-peu ou très-mal étudiés, et que leurs espèces ont été appelées variétés. Nos essais prolongés de culture nous ont appris, ce que d'autres savent tout comme nous, qu'il n'y a pas, parmi les végétaux, de formes plus constantes, plus invariables non-seulement que les espèces du genre *Hieracium* dont nous avons parlé précédemment, mais encore que celles des genres *Rosa* et *Rubus*, qu'on nous présente ordinairement comme des exemples manifestes d'une variabilité indéfinie; car nous avons observé dans leurs innombrables espèces tous les signes de la plus complète immutabilité.

Parmi les adversaires de notre opinion sur l'immutabilité des espèces, nous devons ranger les hommes qui, n'admettant pas la variabilité indéfinie des types spécifiques, et croyant comme nous à l'existence d'espèces originairement distinctes, prétendent néanmoins que ces espèces ne se présentent plus actuellement telles qu'elles étaient d'abord, et qu'ayant été placées dans de nouvelles conditions d'existence, par suite des révolutions accomplies aux diverses époques géologiques, elles ont dû éprouver des modifications correspondantes à la diversité des influences auxquelles elles ont été soumises, et, sans perdre pour cela leur nature primitive, se subdiviser en races ou variétés, devenues permanentes seulement pour le temps de la période géologique actuelle. Cette hypothèse, qui paraît simplement éloigner la difficulté sans la résoudre, aboutit, en réalité, au doute le plus absolu, en infirmant radicalement nos moyens de connaître relativement aux espèces. En effet, si nous distinguons les espèces les unes des autres, c'est uniquement parce que nous remarquons les différences qui les séparent, et que ces différences se montrant constantes à nos yeux, nous concluons de la permanence des effets à la permanence des causes qu'ils supposent. Mais si cette conclusion peut être fausse, si elle n'est pas marquée d'un caractère de certitude absolue, et n'est, au contraire, que probable, il est évident qu'il n'y a plus dans toutes les distinctions d'espèces que nous pouvons faire que des degrés divers de probabilités, et que la certitude ne se trouve nulle part. Dès lors, la connaissance des êtres, en tant que distincts les uns des autres, se trouve ébranlée dans sa base fondamentale.

Cette seule conséquence, qui est rigoureuse, suffit pour montrer le vice et le danger de toutes ces théories sceptiques, qui d'ailleurs sont insoutenables quand on arrive à la pratique, à la solution des questions de détail, et dont on voit presque toujours les auteurs, par des contradictions inévitables, adopter en définitive, tantôt sur un point, tantôt sur un autre, les opinions mêmes qu'ils ont la prétention de repousser. C'est ainsi que M.

Alph. De Candolle , dans son beau livre sur la géographie botanique , où il s'est appliqué à trouver quelque moyen terme au
sujet de cette grande question de la variété dans les êtres , en
émettant sur divers points controversés des opinions concilian-
tes, nous a paru dans ses conclusions finales aboutir , sans se
l'avouer peut-être , à la doctrine de la variabilité des types
spécifiques , telle que l'entendent nos adversaires les plus di-
rects ; ce qui n'a pas dû nous surprendre , d'après les notions
très-opposées aux nôtres , qu'il paraît se faire de l'espèce et du
genre.

Lorsque , venant à parler de notre opinion sur l'espèce , le
savant auteur a dit que nous la considérons comme une abstraction de notre esprit , et que nous raisonnons sur le type de l'espèce , comme on raisonne sur le type d'un genre , d'une famille,
il n'a point exactement saisi notre pensée ; car nous n'assimi-
lons pas , ainsi qu'il le fait lui-même , l'espèce au genre ; nous
repoussons , au contraire , cette assimilation. Bien loin de considérer l'espèce comme une simple abstraction de notre esprit ,
nous identifions la notion d'espèce avec celle d'être ou de substance existante et déterminée. Une qualité ou une propriété
peut être abstraite de son sujet , par une opération de notre
esprit qui la conçoit isolément, et lui donne ainsi une sorte d'existence dans sa pensée ; comme, lorsque dans un corps qui est blanc,
considérant la couleur , à l'exclusion des autres qualités , nous
ayons l'idée de blancheur ; cette idée est alors une véritable
abstraction. Dans la notion de l'espèce , il ne s'agit en aucune
façon d'une qualité , d'un attribut , mais de la substance , de la
réalité même que suppose cette qualité , cet attribut ; il s'agit
du concret et non de l'abstrait. Cependant il faut dire que ,
comme dans l'être il y a deux choses , l'espèce et l'individu , on
peut considérer en lui l'espèce , c'est-à-dire ce qu'il y a d'essentiel dans l'être , abstraction faite de l'individu , et l'individu ,
c'est-à-dire ce qu'il y a d'individuel dans l'être, abstraction faite
de l'espèce. L'esprit , dans le premier cas , ne peut se représen-
ter l'espèce que par une image purement intelligible , applicable
à un nombre indéfini d'individus ; mais l'objet de cette image

n'en est pas moins un certain être , une certaine substance ou forme , distincte de toutes les autres substances ou formes , en elle-même véritablement existante , quoique toujours individualisée. Dans le second cas , l'image formée dans l'esprit sera sensible ; mais elle ne sera pas moins également abstraite , en un sens, puisqu'il n'y a point d'individu séparé de sa substance, et que la substance est invisible.

C'est une singulière illusion , résultant de l'abus qui a été fait de nos jours de l'expérience externe dans la recherche de la vérité, que celle qui porte beaucoup d'hommes à ne considérer comme étant réel que ce qui est sensible, et à donner le nom d'abstraction à tout ce dont nous ne pouvons nous former dans l'esprit une image sensible. La matérialité constitue simplement le mode d'existence , dans le monde physique , de l'être dit matériel , qui est apercevable par les sens ; et en considérant , parmi les êtres de cette catégorie , non pas seulement les plus élevés et les plus complexes , par suite de l'organisation qui les distingue , mais encore les êtres inorganiques , ceux qui sont appelés corps simples , elle consiste dans la reproduction multiple sous les conditions de l'étendue, dans un même corps, de molécules spécifiquement identiques les unes avec les autres. L'étendue étant simplement ce qui limite la forme ou substance dans chaque molécule, ce qui marque la distinction et la relation des molécules entre elles, il est clair que c'est un caractère purement négatif ; que ce qu'il y a de positif, d'essentiel dans la substance n'est pas étendu, n'est pas matériel , et qu'ainsi en voulant , dans les corps , tout réduire à l'étendue matérielle et sensible , on réduit tout à une négation , et en définitive au néant ; car , comme le dit saint Thomas , la matière n'a pas l'être , et ne peut être connue en elle-même (1). Si la matérialité n'est autre chose que le mode d'existence de la substance physique, tant s'en faut qu'il n'y ait que le sensible qui soit réel , que tout ce qu'il y a de réel dans le monde extérieur est , au contraire , insaisissable aux sens ; mais

_____

(1) Saint Thomas, *Summa theolog.*, pars 1 , quæst. 15 , art. 3.

cette réalité , tout invisible qu'elle est , la raison n'affirme pas moins son existence avec une certitude pleine et entière.

La notion de l'espèce n'est point celle d'un objet collectif , comme l'entend M. Alph. De Candolle : ainsi , le premier homme que Dieu a créé renfermait évidemment en lui l'humanité tout entière , au point de vue de l'espèce ; il était donc toute l'espèce. Il n'est pas moins évident que la multiplication des individus n'a rien ajouté aux attributs qui constituent l'humanité comme espèce. La forme spécifique , qui équivaut à l'être, à la substance , est identique chez tous les individus d'une même espèce , et toujours indépendante du nombre.

En assimilant , comme il le fait , les genres aux espèces , M. Alph. De Candolle ne prend pas garde qu'il assimile les catégories qui renferment les êtres aux êtres eux-mêmes. Le genre n'a pas l'être ; il n'est connaissable que parce que notre intelligence le constitue être de raison. Il existe dans notre intelligence ; mais en dehors d'elle ce n'est pas un être , c'est un non-être qui n'a la vérité que par les conceptions de notre esprit. Si les genres que notre esprit forme dans sa pensée expriment exactement les rapports qui unissent entre eux les divers êtres , s'ils marquent l'inégalité et la gradation qui se trouvent dans leur mode de développement , ils seront vrais et naturels ; car la vérité dans l'intelligence , c'est la conformité de la connaissance avec les choses connues. C'est l'espèce qui produit le genre ; nous ne pouvons , en effet , avoir l'idée du genre sans celle de l'espèce. Le genre n'existe pour nous qu'autant qu'il est circonscrit, et il ne peut l'être que par la comparaison des espèces. Ce n'est qu'après avoir comparé diverses espèces que nous saisissons les rapports qui unissent plusieurs d'entre elles , en même temps qu'ils les séparent des autres , et que nous nous formons l'idée du genre. Nous sentons alors la nécessité de créer des dénominations qui correspondent à ces unités synthétiques formées dans notre esprit ; c'est ce qui explique pourquoi dans les langues on a désigné les genres par des noms substantifs , les langues étant toujours constituées d'après les lois du développement de l'esprit humain , et conformément au mode d'acquisition de ses idées , plutôt qu'en conformité exacte avec les réalités objectives. C'est donc bien à tort, selon nous , que M. Alph. De Candolle prétend que l'idée du genre se forme la première , que l'espèce est un groupe, que le genre est un groupe plus vrai et plus naturel que celui de l'espèce , par la raison qu'on a donné des noms substantifs aux genres , et que l'on distingue plus facilement deux plantes de genres différents , comme étant de deux genres , que l'on ne distingue deux espèces du même genre , comme étant séparées spécifiquement l'une de l'autre , parce qu'enfin les botanistes paraissent encore plus divisés sur les espèces que sur les genres.

Il paraît croire qu'un homme dont les yeux s'ouvriraient à la lumière pour la première fois , remarquerait d'abord les groupes que nous appelons genres , ou même les familles , avant de discerner les espèces. Nous croyons, tout au contraire, que l'homme qui commencerait à observer autour de lui , ne s'élèverait à l'idée de genre qu'après avoir remarqué plusieurs êtres qui lui paraîtraient distincts par leur nature, c'est-à-dire par leur espèce, et lorsqu'il sentirait le besoin de les réunir, pour conserver dans son esprit le souvenir des traits les plus saillants qui les rapprochent. Mais, sans aucun doute, ce que nous appelons aujourd'hui genre serait pour lui comme une seule espèce ; ce que nous appelons famille serait pour lui comme un seul genre , parce que naturellement l'attention de l'homme ignorant, qui débute dans l'observation , est si faible et si mal dirigée , elle est sollicitée par tant d'objets inconnus, qu'il ne saurait apercevoir toutes les différences des êtres d'une nature très-rapprochée. Une agglomération d'êtres vraiment distincts spécifiquement peut n'être considérée par lui que comme une seule espèce, parce que son jugement doit se ressentir nécessairement de l'infirmité de son esprit et de l'imperfection de sa méthode. Mais de ce que son esprit est faible, il ne s'ensuit nullement que la réalité des choses soit exactement conforme à cette vue bornée de l'esprit. Il a l'idée claire d'espèce ; seulement il fait une application erronée de cette idée juste et fondamentale , en prenant pour une seule et même espèce des espèces nombreuses et distinctes, dont il a vu les ressemblances et dont il n'a pas encore remarqué les différences. Ce qu'il a d'abord distingué constitue par le fait un assemblage d'espèces, un genre ; mais c'est bien comme espèce et non pas comme genre qu'il en fait la distinction. Plus tard, par suite du progrès de l'analyse, cette même idée d'espèce recevra une application différente ; ce qui était espèce pour l'homme ignorant, deviendra genre pour le savant; ce qui était genre deviendra famille. Il n'y aura absolument rien de changé pour cela dans la marche de l'observation, mais simplement une application plus exacte, plus conforme à la réalité des choses, de l'idée d'être existant et déterminé, ainsi que de l'idée d'une certaine gradation parmi les êtres. Entre le savant et l'ignorant, il n'y a, sous le rapport du procédé intellectuel, aucune différence ; seulement l'analyse du premier est plus parfaite que celle du second. Entre deux savants, dont l'un prétend ne voir qu'une espèce là où l'autre soutient qu'il en existe plusieurs, la divergence d'opinion provient encore de l'analyse. Si le premier a raison, c'est que l'analyse du second a été mauvaise ; si, au contraire, il a tort, c'est que le défaut d'analyse est de son côté, soit qu'il ait observé dans des circonstances défavorables, soit qu'il ait formé son jugement d'après des idées théoriques ou des analogies trompeuses, plutôt que d'après des observations suivies et méthodiques.

Si très-souvent les botanistes ne s'entendent pas sur des questions d'espèces, cela vient surtout de la multitude des espèces et de l'extrême affinité de beaucoup d'entre elles, qu'il n'est pas donné à tous de soumettre à l'analyse, dans les conditions où elles pourraient être distinguées sûrement et facilement ; cela vient encore de la prévention qui fait repousser le témoignage d'autrui, quand il paraît contraire à nos idées ; prévention qui, dans le champ même de l'observation directe, tend à faire paraître obscurs les faits les plus manifestes, et souvent empêche de voir ce qui serait clair et patent pour un esprit dégagé de toute idée préconçue.

Telles sont les causes de la plupart des discussions sur les espèces. Mais que l'on suppose des observateurs suffisamment éclairés et d'un esprit impartial, il n'y aurait presque jamais de désaccord possible entre eux sur la question de savoir si deux espèces, qui seraient placées en même temps sous leurs yeux à l'état de vie, et représentées par de nombreux individus, offrent ou non des différences qui permettent de distinguer les individus d'une espèce de ceux de l'autre. L'accord ne serait pas moins facile et immanquable sur la question de savoir si les différences observées en premier lieu se reproduisent identiquement par la génération ; car c'est encore là une question de fait très-simple, qui ne demande pour être résolue qu'une légère attention et un peu de temps. Il ne resterait plus qu'à acquérir la certitude que ces différences, observées pendant une ou plusieurs générations, devront se maintenir indéfiniment dans leur ensemble, dans tout ce qu'elles ont d'essentiel. Mais cette certitude pourrait être établie très-solidement sur le principe de la constance et de l'uniformité de la nature dans ses lois et procédés ; principe qui est considéré par Newton comme une des bases fondamentales de la certitude dans la recherche de la vérité par l'expérience. En effet, toutes les fois que nous observons une suite constante et régulière de phénomènes, l'idée de loi se présente aussitôt à notre esprit, et nous croyons invinciblement à la constance et à la généralité des lois, parce qu'elles sont pour nous la révélation, l'expression d'une sagesse infinie, qui a réglé toute chose, et qui ne saurait sans cesse défaire et refaire son ouvrage.

Les divergences des botanistes sur les questions d'espèce ont aussi des causes plus profondes ; car elles tiennent aux divergences de principes, de point de départ philosophique. Si l'on ne peut se mettre d'accord, cela ne vient pas seulement de la difficulté d'apprécier les espèces comme fait actuel, difficulté qui est inhérente aux choses, et subordonnée à l'aptitude et aux dispositions particulières d'esprit chez l'observateur ; cela vient encore de ce que l'on porte sur l'espèce en général et sur sa valeur objective des jugements tout opposés. Entre ceux qui regardent les espèces comme des êtres essentiellement distincts, et ceux qui ne voient en elles que des modifications d'une substance identique, indéfiniment variable selon les temps et les milieux, il n'y aura jamais d'accord possible. Ceux qui croient non-seulement à la diversité primitive et originelle des types spécifiques, mais encore à la permanence absolue de ces mêmes types, dans tout ce qu'il y a d'essentiel en eux, indépendamment des circonstances extérieures, permanence dont le signe est, chez les végétaux, la constante reproduction de leurs caractères distinctifs par la semence ; ceux-là disons-nous, pourront difficilement, sur un grand nombre de points, s'entendre avec ceux qui, admettant la permanence des types spécifiques au point de vue théorique, la contestent comme fait accessible à l'observation, et ne regardent pas la constante reproduction par semis comme une garantie suffisante de la valeur absolue des types observables ; de telle sorte qu'il n'y aurait plus pour eux de signe certain et infaillible de la validité des espèces, mais seulement différents degrés de probabilité, susceptibles d'appréciations diverses.

La première opinion, celle de la diversité originelle et de la permanence absolue des types spécifiques, qui est la nôtre, a pour elle tout ce qu'il y a de plus clair et de plus certain dans l'expérience scientifique, comme dans cette expérience vulgaire qui est à la portée de tous ; elle s'appuie sur les axiomes théoriques de la raison, qui sont marqués des caractères de la nécessité et de l'évidence ; elle est de plus en parfait accord avec la tradition religieuse, avec les faits expressément consignés dans nos livres saints. Nous n'admettons pas l'existence de races chez les végétaux, comme il y en a chez les animaux, d'abord parce que l'existence de ces races n'est pas vraisemblable, ensuite parce qu'elle n'est nullement prouvée, enfin parce que l'admission de ces races conduit, par une conséquence logique très-rigoureuse, à nier l'espèce, ou à nier la possibilité pour nous de distinguer et de délimiter avec certitude les espèces parmi les végétaux.

A ceux que notre manière de voir étonne ou que ses suites paraissent effrayer, nous avons à présenter la considération suivante, qui est importante et tout à fait décisive ; l'analogie entre les races supposées des végétaux cultivés, et une foule d'espèces sauvages qui ne sont pas et ne peuvent pas être des races, mais sont de vraies espèces, d'après la théorie de l'immutabilité des types spécifiques, cette analogie est évidente ; chaque jour l'analyse scientifique produit des faits incontestables qui ne permettent plus de la révoquer en doute. Chez les animaux, au contraire, l'analogie entre les races domestiques et les espèces des animaux sauvages n'existe pas ; on ne trouve rien chez celles-ci qui soit rigoureusement l'équivalent des races domestiques, comme on le retrouve chez les végétaux. Il résulte de ce simple rapprochement que, si l'existence des races est non-seulement vraisemblable, mais certaine pour les animaux domestiques, elle n'est ni certaine ni même vraisemblable pour les végétaux cultivés. Les végétaux ayant d'ailleurs une nature moins complexe, il n'est pas du tout étonnant qu'ils offrent dans leur être une puissance d'expansion et une flexibilité moindres.

Nous disons, en outre, que les races des végétaux ne sont nullement prouvées ; car les types, dont on les prétend issues, ou sont inconnus, ou sont simplement supposés, sans que jamais aucune expérience directe et parfaitement certaine soit venue établir leur dépendance de ces types, leur vraie filiation. Il ne suffit pas qu'une opinion soit généralement admise, pour qu'elle puisse être regardée comme une vérité démontrée. Lorsqu'il s'agit d'une chose qui ne peut être connue et appréciée exactement que par une analyse très-bien faite, on devra ajouter plus de foi au témoignage d'un seul homme qui présenterait toutes les garanties d'un examen sérieux et méthodique, qu'à celui du genre humain tout entier qui croirait sans examen.

Enfin, du moment que l'on subdivise les espèces cultivées en autant de races permanentes, il devient impossible de distinguer comme espèces une multitude de formes sauvages également permanentes et d'une valeur égale à celle de ces races, et du moment que l'on repousse, comme marque distinctive de l'espèce chez les plantes sauvages, la constante reproduction par la semence, il ne reste plus aucun moyen assuré de reconnaître l'espèce, ni de lui assigner des limites ; elle devient soumise à l'arbitraire, et l'arbitraire implique la négation de l'espèce ou la négation de nos moyens de connaissance. Plusieurs de nos adversaires, qui sont frappés des inconvénients si manifestes de leurs théories, consentent encore délimiter l'espèce, dans la pratique, d'après ce signe distinctif de la permanence, qu'ils abandonnent pour la théorie, et donnent ainsi le spectacle d'une science qui a pour base des contradictions ; si l'on peut encore donner ce nom à celle qui érige le doute et la contradiction en système ; tandis que si l'on admet comme nous autant d'espèces distinctes qu'il y a de formes végétales héréditaires, on augmente, sans doute, beaucoup le nombre des espèces, mais au moins par là tout devient clair et logique ; il ne reste plus que la difficulté de distinguer, de délimiter exactement ce grand nombre d'espèces ; ce qui est une affaire de temps, d'expérience, d'analyse. On pourra n'avancer que lentement dans cette voie ; mais enfin si cette voie est la bonne, les pas, pour être lents, n'en seront pas moins assurés, et nous conduiront directement au but final, qui est l'achèvement de la science, lequel consiste à classer tous les végétaux en espèces définies d'après l'ensemble de leurs caractères ou propriétés.

Ces questions, dont l'importance est capitale dans la science, lorsqu'il s'agit de s'élever à une conception générale des faits et de leurs lois nécessaires, n'ont reçu jusqu'ici des solutions si opposées que par suite de la diversité des voies où les esprits sont engagés. De même que l'appréciation des faits de détail, dans la science, dépend beaucoup des doctrines, des principes, de même les doctrines tiennent aux circonstances qui ont marqué la voie que l'esprit devra suivre. Il y a comme un milieu nécessaire pour que certaines doctrines prennent naissance et se développent ; ce seront ces tendances générales qu'on remarque à diverses époques, ces courants d'opinion qui entraînent souvent à leur insu de très-bons esprits. Ainsi l'opinion de plusieurs naturalistes qui admettent la variabilité indéfinie des types spécifiques, le doute à cet égard, ainsi que les opinions mitigées de beaucoup d'autres, nous paraissent résulter d'une tendance très-commune chez les savants de notre époque, qui consiste à faire reposer toute la certitude scientifique, dans les sciences physiques et naturelles, sur le témoignage des sens, et à ne considérer comme certain, comme démontré, que ce que les sens peuvent observer directement, appelant tout le reste du nom d'abstraction ou de conjecture. Comme les sens ne nous montrent que l'apparence des choses, que les regards de l'observateur ne rencontrent partout que des faits variables, contingents, transitoires, qu'il ne trouve l'absolu nulle part dans le domaine de l'observation sensible, il est conduit tout naturelle-ment, par suite d'un tel point de départ, à nier la valeur substan-tielle de l'espèce, ou, tout au moins, à révoquer en doute l'im-mutabilité absolue des types spécifiques. C'est ainsi que nous avons vu un des savants les plus recommandables de notre époque, M. Chevreul, dans une publication toute récente (1), où il s'efforce de préconiser la méthode *à posteriori* comme l'unique voie de connaissance, l'unique source de certitude qui nous soit offerte dans les sciences physiques et naturelles, prétendre sérieusement qu'il faut proscrire l'absolu partout, excepté en mathématiques, et arriver ensuite à soutenir, par une conséquence très-logique, qu'on ne peut démontrer ni la variabilité, ni la non-variabilité des types spécifiques, c'est-à-dire à professer le plus complet scep-ticisme au sujet de la question qui nous occupe.

Par la méthode *à posteriori* ou d'expérience externe, nous ne saurions parvenir à la connaissance des êtres en eux-mêmes, mais seulement à celle de leurs propriétés, de leurs qualités extérieures, comme M. Chevreul en fait lui-même la remarque. Si donc elle est l'unique voie pour arriver à la vérité dans les sciences phy-siques et naturelles, il résulte de là évidemment que nous ne pou-vons rien savoir sur les types spécifiques, que nous ne pouvons rien affirmer sur les conditions essentielles de leur développement, ni même sur la réalité de leur existence. La science livrée aux conjectures, manquant de certitude sur ce qu'il lui importe le plus de savoir, se trouve réduite à l'empirisme, qui n'est qu'une connaissance toute provisoire, bornée aux apparences et phéno-ménale quant à son objet, complètement impuissante pour con-duire l'homme à la vérité.

Nous avons de la science et de son importance une autre idée ; elle nous paraît être comme l'instrument dont l'homme se sert, non-seulement pour acquérir de nouvelles connaissances, mais

---

(1) *Lettre à M. Villemain sur la méthode en général.* Paris 1856.

encore pour étendre et affermir celles qu'il possède déjà, s'élevant par elle d'une vérité déjà certaine à une autre qui est encore inconnue, afin de découvrir le lien qui les unit, et de les posséder plus parfaitement l'une et l'autre. Une science particulière, ayant toujours pour objet la recherche de la vérité dans un certain ordre de faits, doit avoir en même temps des moyens de connaissance qui soient une source de certitude, ainsi que des données fondamentales qui servent de point de départ. Mais, dans un ordre de faits ou de vérités quelconques, l'esprit humain ne peut rien connaître que par le concours des facultés diverses qui sont en lui. Si par les sens il perçoit les images des choses, c'est par la raison seule qu'il atteint les essences que ces images supposent. Les concepts de la raison ont une certitude et une infaillibilité qui leur est propre, comme les sens ont également dans leur domaine une certitude qui n'est qu'à eux. L'intelligence, par le rapprochement et la combinaison des idées qui proviennent de cette double source, arrive à la connaissance de la vérité, dans une certaine mesure, selon que l'opération intellectuelle a été bien ou mal faite; car la possession de la vérité par l'esprit consiste dans la manifestation qui s'est faite en nous, avec le concours de notre activité propre, de ce qu'il y a de vrai dans les choses.

Nous ne devons pas scinder l'esprit humain. Quel que soit l'objet particulier de son étude, il doit se retrouver partout tout entier; car il ne saurait être dépouillé de sa nature, ni faire usage de l'une des facultés qui lui ont été départies, à l'exclusion absolue des autres. Sans doute les sciences physiques et naturelles ont un domaine tout spécial, qui est la nature physique, et un moyen de connaissance également spécial, qui est l'observation sensible; mais il ne faut pas en conclure qu'elles doivent puiser la certitude qui leur est nécessaire, à la seule et unique source du témoignage des sens. S'il est vrai qu'elles doivent être soigneusement distinguées des sciences métaphysiques, dont l'objet direct n'est pas le même, il ne s'ensuit nullement pour cela qu'elles doivent en être complètement séparées; car elles s'y rattachent, au contraire, par des liens étroits, et c'est seulement en leur restant unies qu'elles obtiennent cette certitude que d'elles-mêmes elles ne sauraient atteindre, et qui fait toute leur valeur. Le naturaliste qui croit que l'expérience externe peut seule lui donner la certitude, ressemble au philosophe spiritualiste qui ne veut ajouter foi qu'au sens intime, et aboutit ainsi à l'idéalisme. L'erreur du premier est analogue à celle du second ; car elle consiste également dans un point de vue trop exclusif. Si elle est incomparablement plus commune, elle n'en est que plus dangereuse, et ne doit être que plus fortement combattue.

Lorsqu'on est persuadé que la certitude est attachée seulement aux faits matériels, et que dans les sciences physiques on voit deux parties distinctes : l'une positive qui est la partie matérielle, l'autre conjecturale qui renferme tout ce qui est immatériel, on est bientôt conduit à n'attacher d'importance réelle, en toutes choses, qu'aux seuls faits matériels, et à faire passer tout le reste dans le domaine des abstractions et des hypothèses. Comme toute réalité substantielle est invisible, la distinction des êtres les uns des autres dans leur essence n'est plus qu'une hypothèse. Dieu lui-même devient une hypothèse ; car on ne peut plus savoir avec certitude s'il est un être existant, ni s'il est substantiellement distinct des autres êtres. L'âme humaine n'est plus également qu'une abstraction, qu'une hypothèse. N'a-t-on pas vu un physiologiste célèbre, entraîné par l'abus de la méthode d'observation sensible, conclure à la négation de l'âme, en s'écriant naïvement : J'ai interrogé le scalpel, et je n'ai pas trouvé l'âme.

Mais si l'observation des faits sensibles considérée comme source unique et exclusive de certitude, peut conduire au matérialisme, à l'athéisme ou à l'erreur qu'on nomme le panthéisme, elle tend encore, sous un autre rapport, à détruire la science, en se supprimant elle-même. Il est remarquable, en effet, que les partisans exclusifs de la méthode d'observation sont ceux qu'il faut rappeler le plus souvent à l'emploi de l'expérience. C'est nous, partisans modérés de cette méthode, qui avons sans cesse à prêcher l'analyse expérimentale à ceux qui prétendent vouloir suivre uniquement cette voie. Les résultats de l'analyse étant nécessairement incomplets, et s'obtenant toujours avec une lenteur qui ne répond pas à l'impatience de l'esprit naturellement désireux

de connaître la raison, l'explication des choses, on se met prompte-
ment à imaginer les causes et les principes , à la seule inspection
de quelques faits. Par une induction exagérée , on invente des
hypothèses pour expliquer ce qu'on a vu ou cru voir de la sorte ;
ces hypothèses servent de point de départ pour en former d'autres, et tout l'édifice de la science est ainsi bâti sur un sable mou-
vant et sans consistance. Souvent lassé ou dégoûté qu'on est de
l'étude des faits, qui, par eux-mêmes, n'expliquent rien, on laisse
entièrement de côté leur étude , et l'on débute tout simplement
par l'hypothèse. L'observation étant supprimée, c'est alors l'anéan-
tissement de la science.

Nous le reconnaissons donc avec M. Chevreul , la méthode
d'observation sensible , seule , conduit au doute sur la question
fondamentale de la variabilité des types spécifiques ; mais, bien
loin de conclure avec lui que cette méthode doit être suivie , à
l'exclusion de toute autre , et qu'il faut proscrire l'absolu partout dans les sciences physiques et naturelles , notre conclusion
est , au contraire , que les inconvénients de l'emploi exclusif de
cette méthode sont rendus manifestes par les conséquences fâcheu-
ses qui en résultent , et que les sciences physiques et naturelles
doivent , sans quitter pour cela leur domaine spécial , faire une
alliance intime avec les sciences métaphysiques, en leur emprun-
tant la certitude qui leur manque et qui leur est indispensable.
L'esprit humain ne saurait s'arrêter aux apparences des choses ;
il cherche naturellement à connaître la cause des effets qu'il voit,
et par delà le variable , le contingent , le relatif, il s'efforce
sans cesse d'atteindre l'immuable , le nécessaire , l'absolu. Il est
mal à l'aise dans le doute ; le doute n'est pour lui qu'un état provisoire, car il est fait pour la vérité : c'est elle qui est partout l'objet
direct de ses recherches, et si elle lui échappe, il embrasse inévi-
tablement l'erreur.

S'il est vrai que le caractère qui domine généralement dans la
science de notre époque , soit un septicisme profond sur toutes
les questions fondamentales, on peut dire qu'au fond sa tendance,
avouée ou non, est au panthéisme, c'est-à-dire à l'identification
de tous les êtres dont se compose l'univers, et finalement de l'uni-

vers avec son Auteur. La variabilité des types spécifiques étant admise comme conséquence indirecte de la méthode qui infirme radicalement notre faculté de connaître, relativement à l'affirmation de la substance invisible, on ne peut plus admettre la réalité objective de l'être comme certaine et démontrée nulle part. Cependant, comme il est absolument impossible, quelque effort que l'on fasse, de douter jamais de sa propre existence, de la réalité de son propre être, on admet encore un être, unique par sa nature, divers seulement par ses manifestations ; la diversité dans le monde n'est plus que phénoménale. Partant de cette idée vraie que tout ce qui se présente à nos yeux, tout ce qui est divers dans le monde, doit avoir son archétype dans une intelligence infinie, en qui se trouvent les modèles de tout ce qui commence et de tout ce qui finit, selon l'expression de saint Augustin, on arrive bientôt, par l'abus que nous signalons, à identifier, comme étant une seule et même chose, le Souverain Être avec ses créatures, comme ferait celui qui identifierait l'œuvre avec l'ouvrier, l'édifice avec l'architecte qui en a conçu dans sa pensée le plan, l'harmonie et tous les détails, avant de le produire au dehors.

Au moyen âge où l'on négligeait l'observation sensible, les progrès des sciences physiques et naturelles ont été presque nuls, et ce n'est qu'à dater de l'emploi qu'on a fait de la méthode Baconienne d'expérience et d'induction, qu'on a vu ces sciences prendre un grand essor ; mais, de nos jours, l'abus de cette méthode, et le parti pris chez quelques hommes de réduire toute la science aux données de l'expérience externe, doivent faire craindre qu'il en résulte moins de nouveaux progrès que la perversion même de la science, résultat pire en un sens que l'ignorance. C'est pourquoi il nous a paru utile de protester de toutes nos forces, en les signalant, contre ces tendances qui, faisant proscrire l'absolu partout, ne laissent reposer l'esprit humain que dans un désolant septicisme, en attendant qu'il aille, en continuant sa marche, se jeter sans retour dans l'abîme des plus pernicieuses erreurs.

Lyon.—Imp. de F. Dumoulin, rue Centrale, 20.

www.ingramcontent.com/pod-product-compliance
Lightning Source LLC
Chambersburg PA
CBHW050601210326
41521CB00008B/1061